去植物园逛逛吧

小红书／编

中信出版集团 | 北京

主　编　　邓　超

总监制　　卢梦超

执行主编　　杨　慧

编　辑　　周　依 / 徐晨阳 / 陈　晗 / 黄洁娴

平面设计　　黄文诗 / 黄梦真 / 朱雨婷

封面设计　　彭志明

平面摄影　　林旷羽 / 周怡辰

视频摄制　　施　暘 / 王曙尧 / 于　珑 / 熊博阳 / 刘笑澄 / 吴利岩

多媒体设计　　董照展 / 付　蔚 / 余　果 / 朱雨婷

特邀顾问　　黄宏文

特别鸣谢　　国家植物园 / 华南国家植物园 / 上海辰山植物园 / 香格里拉高山植物园 / 中国科学院西双版纳热带植物园 / 中国科学院吐鲁番沙漠植物园

以下朋友对此书亦有贡献　　李　亚 / 王　亮 / 张陈景 / 谭　超 / 周雨佳 / 马云洁 / 陈如玥 / 辛　然 / 谢　瑜

目录

CONTENTS

对我来说，植物园和动物园带来的体验截然不同。作为同样充满生命力的地方，植物园不仅展示了多样化的个体，而且呈现了构建生态系统的群体。在这里，我们不仅是用感官去“感知”，更是用心去“感受”。

感受，是一种非常宝贵的体验。

想要获得新的感受，往往需要先从旧感中抽离，回到一个“空”的状态。几年前，我了解到一种荷兰的生活哲学——Niksen，它鼓励我们“什么都不做”，即专门花时间放空和发呆，不刻意追求任何具体的结果。它与丹麦文化的Hygge（舒适惬意）、瑞典文化的Lagom（恰如其分）以及日本文化的Ikigai（生活的意义）相比，更为简单易行。许多荷兰人已经习惯将Niksen time（放空时刻）列入日程，而今天，这种理念也正在通过“公园20分钟”等方式融入我们的城市生活。

作为一处近距离的大自然，植物园在宁静中包含着巨量信息。“宁静”让我们清空感受，“巨量信息”帮我们重塑感受。单就色彩来说，草木交织出极具可塑性的绿色，在冷暖之间组合切换，也许仅需10~15分钟无意义地漫游，便会激发出丰沛的感受，温暖的、炙热的、宁静的、清冷的……若再辅以水雾与微风，具象的绿意又模糊成视觉和思绪的背景，直达空澄心底。

这本书描绘和展现了关于植物园的所有时空，从过去到现在，从中国到世界其他各地。希望此刻翻开这本书的我们，可以借由阅读推开一座植物园的大门，去感受一些什么，无论会是什么。

主编 邓超
Editor-in-Chief
CHAOS

I

植物园，
一座
活的博物馆

艺术的外貌，科学的内涵

Profile

作者 / 黄宏文

中国植物学会第二届监事会监事长，国际植物园协会秘书长，长期从事植物园工作。

植物园是人类与植物之间的纽带，是人类的物质和精神家园。

今天，当我们漫步在世界上任何一座植物园内，都能感受到周围的风景赏心悦目，精致的园林艺术令人陶醉。而在艺术的外观之下，植物园也拥有深厚的科学内涵，在不同历史时期，承载着植物学研究、植物引种驯化、生物多样性保护等多重使命。

“园”这一概念的起源或许可以追溯到旧石器时代。在世界各地的神话中，多有提到“圣林”或其他专门用于举行仪式活动的开放空间，这里通常设有祭坛或神龛，原始人类相信可以借此建立起与自然的特殊联系。可以说，从人类文明早期开始，植物就不仅是用于果腹的食物，更赋予人类精神层面的滋养。原始粗犷的“园”的概念便是在这样的背景下孕育的。

中国早在公元前 2800 年就有“神农尝百草”的传说，讲述了远古时期神农氏为寻找食用植物和治病的草药，尝遍百草的故事。这个故事虽然没有确切的历史记录，但在中国文化中具有深远影响。以“神农尝百草”原初思想为基准，新石器时代中国“园”的概念可以追溯到当时的农业生产和祭祀活动。人们在种植和农耕实践中，逐步发展出“在特定区域内管理和保护某些特定植物”的认知，于是就有了原始的“植物园”雏形。

为什么早期人类在城池诞生后，随即产生了“园”的思想或概念？这既是一个植物与人性之间关系的问题，也是人类文明演变最基本的哲学问题之一。这个问题的答案，在中西方语言对“园”的表达中可以窥见一斑。在西方，通常认为“园”一词起源于原始印欧语中表示“围场”的字眼“Ghordos”。现代欧洲语言中的表达也有着共同的起源，比如德语中的“Garten”、法语中的“Jardin”、意大利语中的“Giardino”等。在西方语境中，“园”通常指种植花木的地方，可以是家中的庭院，或是开放性园林。

中文的“园”则更为通俗直白。在殷商时期的甲骨文中，指代早期园林的“囿”字写法就能让人一目了然——由代表篱栅的“口”和代表百草的“卉”组成。秦代的“园”字在围栏中则突显了山、水、桥、亭等意象。唐代是中国园林园艺的盛世，“园”字的内涵进一步丰富——外框即围墙，内部有假山、水池和花草树木，由此，中国“园”的内涵基本定型。

植物园作为园艺的源头，将“园”的艺术性展现得淋漓尽致。在人类历史长河中，各民族的思想观念、实践创造、经济社会背景，在无穷尽的园林园艺中得以融合体现。中国的园林园艺也深刻地影响了世界，例如 17 世纪后兴起的英式自然山水园林，显然是在中国唐代园林基础上演变而来。“园”的意识要素、观念、造园技术、植物的引种和配置等过程，以及生态环境思想的变迁，都对社会文化影响深远。

而在艺术的外表之下，植物园还有着深厚的科学内涵。植物园之所以不同于公园，是因为它是从事植物基础生物学研究、植物资源收集与评价、植物资源发掘与利用的综合性研究机构。

欧洲文艺复兴后，特别是大航海时代开启之后，全球规模的科学探索和植物采集汇集到欧洲，催生了现代植物园的诞生。16—17 世纪的植物园主要研究药用植物并发掘药物；到了 18—20 世纪，植物园的研究方向从植物分类学逐步拓展至众多植物学分支学科，并进一步发展出当今的植物科学众多学科。在长达几个世纪的进程中，植物园的科学研究内涵始终贯穿其中，既奠定了 18 世纪植物分类学的根基，也对 18 世纪以来许多生物学发现及其理论体系的建立，做出了不可磨灭的贡献。

同时，植物园也是植物引种驯化和传播的中心。植物的引种驯化及其传播是人类农业文明的基石，贯穿着人类文明发展史的始终。15 世纪中后期建立于欧洲地中海沿岸国家的植物园，在主要粮食及各种农作物引入欧洲的过程中发挥了关键作用。16 世纪以来，这一模式从地中海延伸到其他欧洲国家及其殖民地，极大推动了跨大陆、跨地区、跨国家之间的植物引种驯化及发掘利用，深刻改变了世界社会与经济格局（毫无疑问，南美植物引种改变了欧洲的经济、社会和文明进程）。到了 18 世纪，全球植物猎奇又进一步催生了经济植物产业的全球化。同时，欧洲殖民地扩张使得植物引种与传播更为广泛，直接导致了殖民地经济与相关社会形态发生深刻改变。20 世纪末以来，生物多样性丧失受到全球植物学界的高度关注，植物园的功能随历史趋势开始转向生物多样性保护，至今仍是全球植物园的重点任务之一。

植物园的发展历程充满着人类对自然奥秘的好奇与探索，体现了人类探索自然、利用自然、改造自然、最终与自然和谐共处的渐进认知。随着时间流转，植物园的功能和角色也在不断演变，它们不仅仅是植物的展示窗口，也是连接人与自然的桥梁，更将为人类的生态智慧持续带来启发。

中国古代描述“园林”字样的演变

时期	字体	字形
殷商	甲骨文	[illegible]
秦代	小篆	[illegible]
唐代	楷书	園 ↓ 囗 围墙 ↓ 土 假山 ↓ 口 水池 ↓ 朩 花草树木

植物园的古老根源与变迁

Profile

作者 / 廖景平

中国科学院华南植物园研究员，长期从事植物园管理研究，乐于传播植物的魅力。

作为珍贵的植物宝库和活植物博物馆，植物园汇聚了哺育人类的植物资源，展现了大自然滋养的奇花异卉。植物园的源头可追溯至华夏文明史上的“神农本草园”，现代植物园的雏形则源于中世纪西方修道院的药草园，其演变不仅体现了中西方传统植物学的历史传承，也彰显了园林艺术的时代演进。

随着欧洲文艺复兴后期地理大发现和自然科学启蒙，尤其是早期欧洲大学设立植物学教席和建立药用植物园，现代植物园日渐兴盛，并不断发展出新的模式——欧洲经典模式植物园、殖民地热带植物园、城市公共植物园以及特殊类型植物园。

20世纪80年代以后，全球植物园普遍进入以保护为核心使命的科学植物园新阶段。

历经长达500年甚至更久远的历史变迁，现代植物园逐渐发展成为自然、文化、艺术和科学交融的植物学机构。

纵观古今、横贯中西，植物园具有渐进式古老根源、非线性历史发展、多模式功能演进和可持续使命转变的特点。

植物园的模式发展史

时期	发展模式	功能变迁
古代	传统植物学及古代园林 Ancient botany & gardens	休闲为主，多为皇家园林，收集展示观赏植物（含药用）、果树和蔬菜。
中世纪	修道院花园/药草园 Monastery gardens/ Herb gardens/Physic gardens	实用为主，开展植物利用传播，形成现代植物园的雏形。
16—17世纪	早期药用植物园 Early medicinal gardens	教学为主，展示、识别和利用药用植物，促进植物学与医学分离。
18世纪	欧洲经典模式植物园 Classic European model botanic gardens	植物科学研究机构，进行全球性植物探索与收集，促进植物分类学研究发展和经济植物栽培驯化与利用传播。
18—19世纪	殖民地热带植物园 Colonial tropical botanic gardens	注重经济植物引种驯化和传播利用，加剧殖民扩张，促进殖民经济与贸易发展，奠定农业模式基础。
19—20世纪	特殊类型植物园 Special kinds of botanic gardens	开展农作物及其近缘种、特定植物类群收集保存、维护与研究。
	城市公共植物园 Civic/Municipal botanic gardens	注重园艺展示与维护，具有专类植物收集、挂牌与种子交换功能，缺乏科学研究。
20世纪中后期	科学植物园 Scientific/Conservation gardens	多模式并存，功能综合化，包括引种收集、迁地保护、公众教育、科学研究、园艺展示等，承担生物多样性保护使命。

A 围绕植物应用的“古典阶段”

1 清代吴其濬《植物名实图考》对1 700余种植物进行了详细绘制与描述。图上为杜根藤，书中描述为“杜根藤产湖南宝庆府山坡间。状与九头狮子草极相类，唯独茎多须，须亦绿色，开花亦如九头狮子草，而只一瓣，色白无苞”。

植物园思想的源头始于早期人类对植物学问的探索。自人类开始涉足植物采集与利用以来，传统植物学便逐渐崭露头角。随着人们对植物认知的不断深入，植物知识体系持续扩展，逐渐形成独立的学科体系，并在此基础上演进出植物学相关的分支学科。

在遥远的春秋战国时代，华夏先民的植物智慧已在《诗经》与《楚辞》等古典文献中熠熠生辉。自晋代《南方草木状》至清代《植物名实图考》[1]，我国古代植物学著作展现出一幅蔚为壮观的画卷。先秦时期的《尔雅》作为世界首部训诂名著，对当时的名物与古籍经典中的植物名称进行了深入诠释，为后世本草学的发展奠定了基础。自东汉《神农本草经》至明代《本草纲目》，我国历代本草学著作累计达数百种，《黄帝内经》等众多医学著作为药用植物的栽培应用提供了依据。此外，我国古代农业书籍种类繁多，其中北魏时期的《齐民要术》被公认为世界上最早的农学著作之一。

影响中国传统植物学的重要文献

时期	文献	领域
春秋	《诗经》	植物认知与应用
战国	《楚辞》	植物认知与应用
先秦至汉	《尔雅》	训诂学
	《黄帝内经》	医学
	《神农本草经》	本草学
魏晋南北朝	《南方草木状》	植物学
	《肘后备急方》	医学
	《齐民要术》	农学
隋唐	《千金要方》 《千金翼方》	医学
明	《本草纲目》	本草学
清	《植物名实图考》	植物学

在西方传统语境中，植物学的起源被认为是古希腊的亚里士多德及其弟子泰奥弗拉斯托斯。到古罗马时期，希腊医生迪奥斯科里德斯完善了欧洲药用植物知识体系，其著作《论药物》被认为是西方医学史上最古老的药学典籍，直到15世纪仍是欧洲药物学及植物学的主要参考。古罗马时期非常注重植物用途研究，尤其侧重于农书编撰，也为后世留下了宝贵的农学遗产。

而为了获取这些植物知识，就需要相对集中地栽培种植数不胜数的植物——早期人类对植物特性的观察与利用，尤其是对药草栽培的实用需求，促使中西方诞生了包括药草园在内的一系列古典园林，可视为植物园的源头。

西方传统植物学发展史上的代表人物及其著作

时期	人物著作	领域
古希腊	泰奥弗拉斯托斯 《植物探究》 《论植物的成因》	植物学
古罗马	迪奥斯科里德斯 《论药物》	药学
古罗马	老加图[2]《农业志》 瓦罗[3]《论农业》 科卢梅拉[4]《农业论》	农学
古罗马	老普林尼[5]《自然史》	泛自然科学

我国造园历史可以追溯到上古时期，以“豨韦氏[6]之囿”和“黄帝之圃”为最早的记载。上古传说中的春山悬圃[7]“神农本草园”专注于灵药培植，这一概念成为药草园圃与植物园思想的滥觞。此后，从商纣王的鹿台、周文王的灵台，历经秦汉时期的上林苑、建章宫，再到唐代长安的大明宫、北宋东京的华阳宫，直至清代中叶的圆明园及颐和园，我国古代皇家园林的杰出经典陆续登场。而西晋石崇的金谷园、南北朝的会稽山居、唐代王维的辋川别业[8]和白居易的庐山草堂，以及北宋司马光的独乐园等，树立了我国私家园林的典范。

特别值得关注的是，唐太医署的国家药园不仅是栽培药用植物的药用植物园，还承担着药学高等教育的重要职责。唐代京师药园和药用植物栽培技术的发展，进一步推动了药园、药院、药栏、药圃和药畦等多种园林空间的形成。

中国古代部分代表性园圃

时期	园圃
上古	春山悬圃“神农本草园”
秦汉	上林苑
魏晋	北郊坛药圃
南北朝	北苑（乐游园）
唐	京师药园和大涤山药圃
北宋	司马光独乐园
明（朱橚）	救荒本草园
明（李言闻）	药圃
明（徐光启）	种植试验园
清（吴其濬）	东墅花园

2 **老加图**
（公元前234—前149年）：古罗马政治家、散文作家和农学家，其作品《农业志》被公认为现存最古老的拉丁语农书。

3 **瓦罗**
（公元前116—前27年）：古罗马学者，精通语言学、历史学、诗歌、农学、数学等，其作品《论农业》记录了丰富的农业技术知识。

4 **科卢梅拉**
（公元4—70年）：古罗马杰出的农学家，其作品《农业论》涉及果树栽培及造园等多个方面。

5 **老普林尼**
（公元23或24—79年）：古罗马博物学家，其作品《自然史》汇集了同时代关于植物、农业、园艺等领域的广泛知识。

6 **豨韦氏**
传说中的古帝王名号。

7 **春山悬圃**
中国古代神话传说中，昆仑山上的一处仙境。

8 **辋川别业**
“别业”即别墅，王维曾在诗作中记录自己在辋川隐居时期的田园生活。

宋人画司马光独乐园图卷（台北故宫博物院）

西方的古典造园艺术在古希腊时期取得初步成就，到古罗马时期，西方园林的雏形基本形成。而药草园的建立，则要追溯到中世纪时期的修道院花园。

随着公元 476 年西罗马帝国的灭亡，欧洲步入漫长的中世纪“黑暗时代”。从古典文明的衰落到 12 世纪大学兴起的 700 多年里，修道院成为欧洲最典型的文化机构，修道院医学占据主导地位，并在 6—11 世纪成为欧洲医学的主流。8 世纪，查理大帝积极推动修道院花园和药草园的发展。到 9 世纪，瑞士的圣加伦修道院花园已初步展现早期大学药用植物园的基本理念与矩形园林布局。

进入 10 世纪后，修道院医学逐渐衰落，教堂学校逐渐兴起并开设医学相关课程。到 11 世纪，意大利萨莱诺医学院崛起，发展成为欧洲第一个医学中心。萨莱诺学者在 12 世纪开创了最早的医学课程及教学模式，其于 14 世纪建立的密涅瓦药草园成为药用植物栽培展示园地，为后来欧洲早期药用植物园的创建提供了先驱意义的范例。

萨莱诺植物学者马修·西尔瓦蒂库斯在密涅瓦药草园中授课（取自 1526 年版《医学百科全书》）

B

致力科学研究的“复兴阶段”

整个中世纪，欧洲植物学领域的进展缓慢，对植物的认知几乎停留在亚里士多德和泰奥弗拉斯托斯时代。这一时期，阿拉伯世界成为学术圣地，许多古希腊、古罗马的经典知识被翻译成阿拉伯语得以保存。其中阿维森纳的医学巨著《医典》为中世纪欧洲和伊斯兰世界制定了医学标准，成为12—18世纪欧洲大学医学院的教科书。可以说，没有阿拉伯学者对古希腊、古罗马经典知识的保存传承，就不可能有后来的欧洲文艺复兴。

直到中世纪后期，古希腊、古罗马的古典知识才逐步从阿拉伯世界回流到欧洲。到12世纪，欧洲掀起文献翻译高峰，阿拉伯语版的古希腊、古罗马和阿拉伯医学文献成为欧洲植物学复兴的宝贵知识来源，极大地推动了15世纪晚期和16世纪早期植物学的蓬勃发展。

16世纪，欧洲植物学的复兴由意大利、法国、葡萄牙、西班牙、比利时弗拉芒大区和德国学者共同引领。此时迪奥斯科里德斯的《论药物》已被翻译为多国语言广泛传播，为植物研究提供了重要的文献支持。法国植物学家让·鲁埃尔提出需要对植物学知识进行新的综合，强调在区分不同物种时统一术语的重要性。德国学者则通过出版欧洲本草著作、制作木刻插图，推动了植物插图的发展和近代早期植物学知识的传播，进一步促使植物学朝着更加精确的方向发展。

16世纪意大利赫拉尔多·奇博版本《论药物》中的插图，分别描绘了藏红花、车前草、紫云英、黄精等药用植物（大英图书馆）

这一时期，植物研究的重心从注重药用转向对植物多样化及分类的深入探索。学者们将古典文献记载与自然观察相结合进行考证，区分物种及其变异，从而推动了传统植物学文献的修订，促进植物学从医学分离。在此基础上，16世纪中期欧洲大学设立植物学教席，建立“早期药用植物园”，推动了现代植物园的兴起。这些植物园以教学为主要目的，兼具研究和展示药用植物功能，例如意大利帕多瓦大学、荷兰莱顿大学分别在1545年和1590年建立的学术性植物园。

1590年荷兰莱顿大学建立的学术性植物园。图为威廉·范·斯旺恩堡在1610年绘制的园区布局（荷兰国家博物馆）

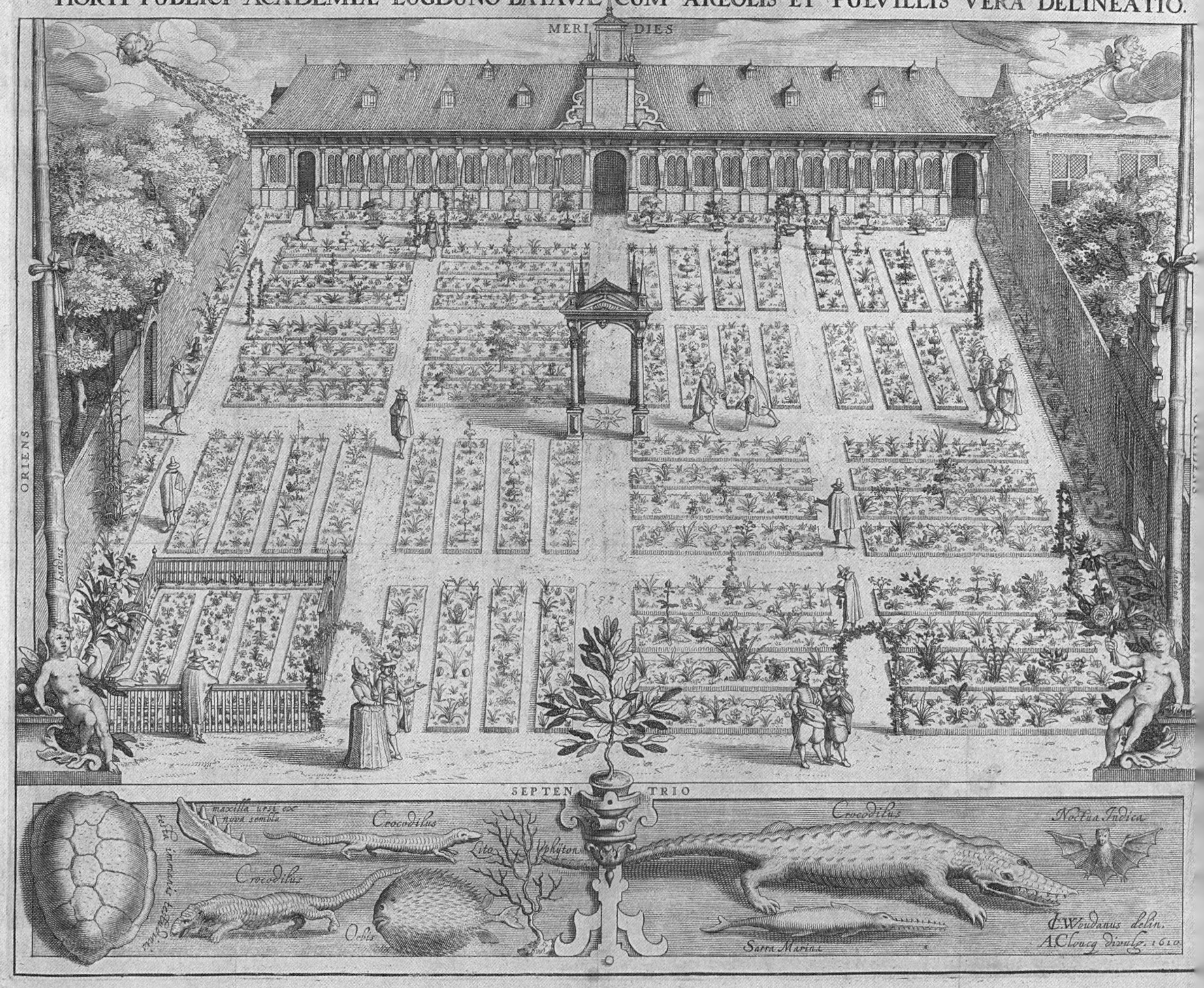

1875年在维多利亚皇家植物园举办的一次月光音乐会（澳大利亚维多利亚州立图书馆）

兼具综合功能的"现代阶段"

18世纪，出现了收集全球植物并开展研究的欧洲经典模式植物园，比如始建于1759年的英国皇家植物园邱园。到19世纪，注重园艺展示的城市公共植物园开始出现，比如1801年建立于美国纽约的埃尔金植物园和1840年建立的英国德比树木园。自此，植物园不再仅仅作为植物应用或学术研究的机构，也成为公众休闲娱乐的场所。

直到20世纪中后期，现代植物园进入科学植物园的新阶段，功能日渐综合化，包括引种收集、迁地保护、科普教育、科学研究、园艺展示等。进入新阶段后，现代植物园又面临新的问题：什么是一座好的植物园？为了提高植物园的管理规范性和专业水平，国家层面的植物园认证和国家植物园扩展计划在世界范围内逐步推进。

近十几年来，国际植物园协会（IABG）等机构探索推进全球植物园认证计划，并通过组织国际会议，对植物园标准维度与绩效评估体系进行了广泛讨论。2022年，国际植物园保护联盟（BGCI）更新其植物园认证标准，在以保护为核心使命的国家植物园时代，更加注重战略持续性、保护专业性、研究先进性、管理有效性、绩效导向性和公众参与性。

当前，由于人类活动引发的全球自然环境变化，植物园再次更新自身的角色和功能。为了保护生物多样性，世界各地的植物园广泛开展植物迁地保护，构建了庞大的植物园体系和无与伦比的迁地植物区系。

与此同时，植物园正不断加强公众教育和科学普及的广度与深度，一些植物园开始以动植物和环境为整体，开展更为宏观的环境教育培训。在这些故事的传播中，植物逐渐回归其作为生命体的本质，唤醒人们对植物与生态保护的意识。而历经千百年演变的植物园也将作为天然的环境剧场，再度演绎人与自然和谐共生的时代画面。

国家植物园科学绩效维度

*根据IABG和全球国家植物园及世界领先植物园绩效审查评估整合

- **战略持续性**
  树立发展意识，明确使命、目标和保护科学重点，规范收藏管理，提升园林特色和园艺品质，促进教育培训和可持续发展。
- **保护专业性**
  实施优先区域和重点类群保护研究，开展野外回归和栖息地恢复，促进科学应用，支撑区域任务、国家使命和全球责任。
- **研究先进性**
  完善国家活植物收藏研究体系，注重保护性收集研究，提升研究性收集与核心种质收集特色，扩大保护研究影响力。
- **管理有效性**
  实施严格的制度规范，坚持系统收集、完整保存、高水平研究、可持续利用，以多样性保护为核心统筹发挥多种功能。
- **绩效导向性**
  弥合当前现状和发展需求差距，切实提高保护成效和研究水平，提升生物多样性保护及其科学和社会影响力。
- **公众参与性**
  完善科学传播体系，实施教育培训计划，促进以生物多样性保护为主题的公众参与、科学教育和文化活动。

1801 年建立的埃尔金植物园，是美国历史上第一座公共植物园
图为塔贝亚·霍西尔在 1936 年左右为其绘制的水彩画（美国国家美术馆）

世界各地的植物园

特罗姆瑟北极-高山植物园
Tromsø Arctic-Alpine Botanical Garden

英国皇家植物园
Royal Botanic Gardens

凤凰城沙漠植物园
Desert Botanical Garden in Phoenix

帕多瓦植物园
Orto Botanico di Padova

新加坡植物园
Singapore Botanic Gardens

里约热内卢植物园
Jardim Botânico do Rio de Janeiro

基尔斯滕博施国家植物园
Kirstenbosch National Botanical Garden

维多利亚皇家植物园
Royal Botanic Gardens Victoria

撰文 / 谭笑、杨慧、徐晨阳、周依　　图片编辑 / 杨慧、黄洁娴

英国皇家植物园 Royal Botanic Gardens

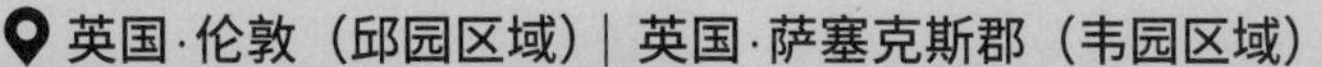

Jack Young

英国皇家植物园 Royal Botanic Gardens

若要问起全球最知名的植物园，可能不少人会第一时间想起英国皇家植物园。在200多年的发展过程中，它经历过从贵族私家花园到国家植物园的转变，伴随着地理大发现，见证了植物学的蓬勃发展，又在殖民时代结束后以新的面貌开放给公众。英国皇家植物园不仅为植物学家提供了一个研究和探索的天堂，更是大众了解历史、艺术和科学的绝佳窗口。

如今的英国皇家植物园由两个园区组成，主园即伦敦西南郊的邱园（Kew Gardens），这里是大众通常会到访的园区，拥有超过5万株活植物，是全球活植物收藏数量最多的植物园之一。此外，英国皇家植物园还管理着一个卫星园——1965年扩建的韦克赫斯特庄园（Wakehurst），简称韦园，这里是千年种子库（Millennium Seed Bank）的所在地。

邱园的历史可以追溯到1759年，乔治三世的母亲奥古斯塔王妃对园林有着浓厚兴趣，想要在邱宫[1]周围打造一座私人花园，收集来自世界各地的奇花异草。花园的设计者是著名建筑师威廉·钱伯斯（William Chambers），他曾多次到访中国研究传统建筑与园林，所以在设计邱园时，他特意以南京大报恩寺琉璃塔为灵感，在园中建造了一座高约50米的邱园宝塔[2]，又称"中国塔"。这座塔代表了18世纪"中国热"时期英国对中国文化的迷恋和重现。

邱园刚建成的最初10年左右，还只是一个供王室休闲娱乐的植物观赏地。直至1771年，博物学家约瑟夫·班克斯（Joseph Banks）[3]结束了他的第一次太平洋探索航行，归国后受邀成为邱园的非官方负责人（类似顾问的角色），他争取到乔治三世的支持，推动邱园进入转型阶段——从娱乐性的植物收集和展示，转向植物科学和经济应用研究。在他的影响下，许多青年植物学家参与该植物园的建设，在这里进行植物分类学、生态学、农业与医药应用、园艺实践等工作，初步奠定了现代植物园的基本模式与职能。

19世纪初，随着乔治三世的去世，邱园经历了一段短暂的衰败期。直至1840年，占领新西兰后的英国形成了其完整的全球殖民体系，也是在这一年，邱园由王室移交给政府管理，并开始对公众开放，这标志着它从一座私家花园转变为一个公共机构。

1841—1885年，植物学家威廉·胡克（William Hooker）父子先后出任英国皇家植物园园长，不仅扩大了园区面积，还主持建造了植物标本馆、经济植物博物馆和多个植物温室，其中以热带温室——棕榈屋（Palm House）最具标志性。棕榈屋的内部模拟了热带雨林环境，在这里可以看到热带旗舰植物，以及典型的热带雨林分层式结构——高耸的热带乔木、低矮的灌木与林下植物、穿插其间的攀缘植物和附生植物等。

1 **邱宫**
最早是一座1631年建造的私人住宅，自1728年开始由王室使用，之后被乔治三世买下，正式作为王室的夏日度假地。1898年，维多利亚女王将其转让给邱园管理，并开始对公众开放。邱宫是英国王室宅邸中最小的一座，也是邱园内历史最悠久的建筑。

2 **邱园宝塔**
10层的八角形宝塔，每层都比其下一层窄30厘米，曾是欧洲最精准的中式复刻建筑，也是当时鸟瞰伦敦的最佳观景点之一。

3 **约瑟夫·班克斯**
英国博物学家、探险家，因跟随詹姆斯·库克（James Cook）的太平洋探索航行而成名。世界上大约有80种植物以他的名字命名，曾担任英国皇家学会会长超过41年。

棕榈屋是英国皇家植物园中的第一个温室，于1848年建成开放。它是维多利亚时代工程和设计的杰作，其建造难度挑战了当时的技术极限，最后结合造船技术才得以完成

除了棕榈屋，英国皇家植物园内还有一些颇受欢迎的温室。

● 温带屋

Temperate House

邱园内面积最大的温室（4 880 平方米），也是现存最大的维多利亚时代玻璃钢结构建筑，它由15 000余块玻璃板搭建而成，收集了全球超过1 600种亚热带和暖温带植物。

Hoch3media

● 威尔士王妃温室

Princess of Wales Conservatory

为展现地球的生态环境多样化而设计，是邱园内技术要求最复杂的温室，通过10台电脑精准模拟出多种气候区，可一次性领略地球上多种颇具特色的植被景观——干燥热带气候区（龙舌兰、芦荟、仙人掌）、潮湿热带气候区（热带雨林与红树林沼泽生态系统）、食虫植物区（猪笼草、忘忧草、捕蝇草）、蕨类植物区（热带与温带蕨类植物）、兰花区（附生类兰花与岩生类兰花）等。

Mike Cummings

● 戴维斯高山植物馆

Davies Alpine House

邱园内建成时间最晚的温室（于2006年建成），模拟了高海拔地区强日照、凉爽、多风的条件，为春星韭、风铃草、石竹等植物提供了理想的生长环境。建造过程中运用的新技术和新材料，能尽可能减少高耗能空调和风泵的使用，该馆也因此获得了英国皇家建筑师学会（RIBA）颁发的建筑奖。

B0TRRJ

时间进入20世纪，英国皇家植物园已逐渐发展为全球植物科学和真菌学研究中心，其中对于药用植物的研究在二战期间发挥过重要作用。1953年，伴随着DNA双螺旋的发现，英国皇家植物园的研究方向开始聚焦于植物的遗传多样性研究。1978年英国皇家植物园在韦园设立低温种子库，2000年建立了千年种子库，截至目前，这里已收集保存了来自世界各地超过4万种植物的24亿颗种子（物种数约占全球种子植物的16%），为人类应对未来环境变化、维护地球植物多样性起到了关键作用。

帕多瓦植物园 Orto Botanico di Padova

Sandor Szabo

帕多瓦植物园 Orto Botanico di Padova

在意大利北部城市帕多瓦，有一座全世界尚存于原址的最古老的植物园——帕多瓦植物园。这是一座经典的欧洲早期“学术性植物园”，由帕多瓦大学[1]在1545年建造，用来进行药用植物的研究教学，至今已有400多年历史。

这座药用植物园的建造背景，与一个人和一门学科有关。16世纪上半叶之前，欧洲医者对草药的认知大多还停留在1 000多年前的古希腊典籍，“错用药物”的情况时常发生。为了解决这一问题，帕多瓦大学医学教授弗朗西斯科·博纳费德（Francesco Bonafede）主张在学校里开辟一块园圃，专门培育活体药用植物，通过观察它们在不同生长周期的形态、结构等特征，更精准地分辨植物种类，以确保用药安全。他开创性地将生药学（Pharmacognosy）[2]作为一门自然科学进行教学，而植物园就是这门学科重要的实验基地和教学场所。

虽然最初只是一块面积不大的教学用地，但帕多瓦植物园还是继承了中世纪欧洲花园的美学传统，设计上采取经典的“外圆内方”制式，园内以道路划分为多个小园圃，分别用来种植不同种类的植物。1547年，园内引入培育约1 800种药用植物；1552年，为了防止珍贵药用植株被偷盗，加筑了一圈围墙；到了19世纪，又陆续布设了三个日晷，建造了图书馆、温室和可容纳百名学生的“植物剧院”教室；21世纪初，该植物园新增了1.5公顷用地面积，并于2014年在此新建生物多样性温室。

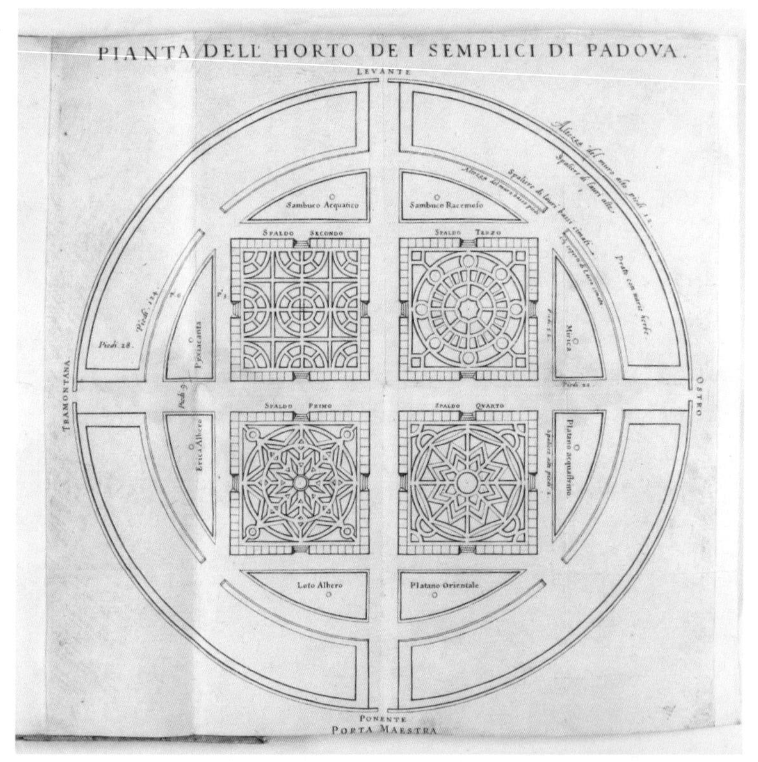

17世纪的帕多瓦植物园规划图及实景描绘

1 **帕多瓦大学**
1222年成立，是世界上最古老的大学之一，在西方医学和药理学发展史中地位卓著，曾开设世界上第一所医学院，“现代解剖学之父”安德烈·维萨里（Andreas Vesalius）也曾在此任教。

2 **生药学**
一门研究天然来源药物（特别是植物药）的学科，涉及对植物的形态、结构、化学成分、生物活性、药理作用以及临床应用等方面的研究。这门学科的目标是识别、鉴定药用植物及其提取物，以确保其安全性和有效性。

2014 年新建的生物多样性温室
Sandor Szabo

八角温室中的欧洲矮棕，它曾被作家歌德写入《植物变形记》，故而得名“歌德棕”
Geoffrey Taunton

经过几个世纪的变迁，如今的帕多瓦植物园占地约 2.2 公顷，收集培育了 6 000 多种植物，其功能也从最初的药用植物园转变成综合性植物园，在全球植物学网络中持续发挥着作用。

漫步在古老的园圃，历史仿佛就在面前。北门附近一座特殊的八角温室里栽种着一棵欧洲矮棕，它从 1585 年被栽种在这里，已经陪伴帕多瓦植物园走过了 4 个多世纪。它的存在让人不免去思考，植物学作为人类文明发展的一个分支，大多数时候就是这样长久、安静矗立着，植物不语，却生生不息。

新加坡植物园 Singapore Botanic Gardens

Roland Nagy

新加坡植物园 Singapore Botanic Gardens

在东南亚距离赤道仅 100 多千米的地方，有一座以国家命名的热带植物园——新加坡植物园。它在植物学界享有极高的地位，不仅是东南亚植物研究中心，也是热带植物学和园艺科学的知识交流平台，并且为整个东南亚地区的经济做出过重大贡献。

新加坡植物园位于新加坡市中心，占地面积约 82 公顷，作为曾经的“殖民地植物园网络”关键成员，其建造历史可追溯到 1822 年。当时，新加坡首任总督斯坦福·莱佛士（Stamford Raffles）为了栽培和研究肉豆蔻、丁香等热带经济作物，主导成立了一个小型的“植物学实验园”。1859 年，在这个实验园的基础上，一个农业园艺协会规划建立了正式的植物园，并在 1874 年将其移交给英国殖民政府。在随后的几十年里，一批经过英国皇家植物园培训的植物学家在此进行管理，推动其成为东南亚地区重要的植物学研究机构。

这一时期，也被称为新加坡植物园的“经济花园”时期。该植物园通过收集、种植、试验和分发具有潜在经济价值的植物，促进了周边地区的农业发展，其中最成功的例子是引种、驯化和推广了巴西橡胶树。这个原产于亚马孙河流域的树种是天然橡胶的主要来源，在现代工业体系中的地位举足轻重（橡胶与塑料、纤维并称三大合成材料）。正是因为新加坡植物园的引种、驯化成功，包括泰国、印度尼西亚、马来西亚等国在内的东南亚地区，成为世界上最大的橡胶生产地。

到了 20 世纪初，新加坡植物园又新增了一个重点研究方向——兰花的育种和杂交。作为被子植物中最大的科之一，兰花不仅有园艺方面的经济价值，对于进化生物学和生物多样性研究也有重要意义。最终，“兰花杂交计划”推动园内培育出了数以千计的兰花杂交品种和变种，不仅让新加坡植物园在全球植物园网络中找到了自己独特的“生态位”，也让兰花成为新加坡的国家名片——新加坡国花“卓锦·万代兰”便是在新加坡植物园中培育出来的。

1965 年，随着新加坡共和国成立以及“花园城市计划”的提出，新加坡植物园暂缓科学研究工作，将全园力量用于支持该计划，开始为城市绿化提供专业知识和苗木资源。自 20 世纪 90 年代起，新加坡植物园又重新转回科研领域。它将兰花园艺与科研结合起来，新建了植物学中心、国家兰花园等多个科学实验室，积极参与生物多样性保护工作，重新确立了其在热带植物和园艺等研究领域的领先地位。目前，新加坡植物园拥有世界上最大的兰花展区，园内的国家兰花园是兰花研究的前沿阵地，也是杂交品种培育的先驱。

时间进入 21 世纪，经过 100 多年变迁，新加坡植物园已从最初的殖民地经济植物实验园，发展成为拥有 2 万多种亚热带、热带奇异花卉的植物乐园，将热带岛屿的繁茂浓缩在赤道附近。2015 年，它被列入联合国《世界遗产名录》，成为世界上继英国皇家植物园、帕多瓦植物园之后，第三个被列入《世界遗产名录》的植物园。

参考文献

陈静，王卓霖，闫红丽，等. 城市植物园的功能变迁——以新加坡植物园为例[J]. 园林与景观设计，2021, 18 (408): 185-189.

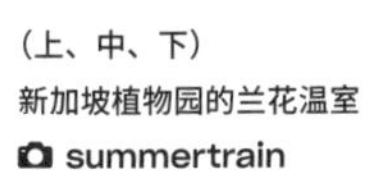

（上、中、下）
新加坡植物园的兰花温室
summertrain

维多利亚皇家植物园 Royal Botanic Gardens Victoria

Bosiljka Zutich

维多利亚皇家植物园 Royal Botanic Gardens Victoria

作为全球生物多样性最丰富的国家之一，澳大利亚是一个独特的存在。由于相对独立的地理区位、多样性的气候和古老的地质年代，它拥有许多全球独有的动植物资源。位于其东南部的维多利亚州，素有“花园之州”“澳洲缩影”的美誉，维多利亚皇家植物园便位于此地。

维多利亚皇家植物园分为墨尔本皇家植物园区域（Royal Botanic Gardens Melbourne）和克兰本皇家植物园区域（Royal Botanic Gardens Cranbourne）两个园区。但它的历史应该追溯到墨尔本皇家植物园早期。1846 年，新南威尔士州主管查尔斯·拉特罗布（Charles La Trobe）从一片沼泽地中选定了植物园的建址。在初建成后的几年，该植物园默默无闻，直到 1853 年，植物学家费迪南德·冯·穆勒（Ferdinand von Mueller）在园内建立了维多利亚国家植物标本馆，这件事成为当时澳大利亚植物学界的焦点。冯·穆勒通过与世界各地的“植物猎人”书信往来，得到了极为丰富的物种标本，逐步确立了标本馆在业界的权威地位。如今，该标本馆内已经收藏了约 150 万份植物标本，是澳大利亚最有价值的生物研究资料库之一。这些标本涵盖了澳大利亚本土维管植物和真菌 2.3 万多种，以及来自世界其他地区的标本 7 000 多种。它们为植物园在植物学、分类学、真菌学和物种保护方面的研究提供了坚实的基础。

拍摄于 1885 年左右的墨尔本皇家植物园（纽约公共图书馆）

Frank Coxhead

除了古老的标本，墨尔本皇家植物园区域还拥有超过 8 500 种来自世界各地的活植物。园内的新西兰植物收藏区种植着仅在澳大利亚和新西兰发现的特有物种，如新西兰剑麻、新西兰陆均松等。森林步道区有着仅在南半球发现的树种，如南洋杉、贝壳杉、岩生桉和珍稀濒危物种大腺相思树等。除了特有的植物景观，园区还长期开设许多大众活动，例如“植物园森林疗法”“鸟类的秘密生活”“气候观察徒步”“原住民文化遗产之旅”等。

维多利亚皇家植物园的另一园区——克兰本皇家植物园，则专注于保护和展示澳大利亚本土植物，尤其是干旱与沙漠地区的植物。园区始建于 1970 年，占地面积 363 公顷，分为澳大利亚花园和克兰本丛林两片区域，花园区内有 1 900 多种植物，设有 15 个展览园，如红砂花园、桉树花园、铁皮树花园、薄荷花园等。模仿沙漠地区景观的红砂花园是最为核心的景点，整片花园以鲜艳的红砂为底色，其间点缀一圈圈的盐生植物，周围排列着新月形土丘，大面积的色彩冲击使得整片花园看起来十分壮观。

丛林区的景观则相对原生，除了有 450 多种本土植物，还栖息着 215 种哺乳动物、鸟类和爬行动物，是维多利亚州重要的生物多样性保护区。除此之外，游客在园内探索原始丛林区域时，可以沿着 10 千米的步行道或 6 千米的自行车道漫游，还有机会偶遇澳大利亚的标志性动物，如东部灰大袋鼠、考拉以及濒危物种南部棕色袋狸等。

克兰本皇家植物园区域内的红砂花园

Philip Game

基尔斯滕博施国家植物园 Kirstenbosch National Botanical Garden

Eric Nathan

在南非开普敦市的地标性景观“桌山”东麓，有一座位于自然保护区内的植物园——基尔斯滕博施国家植物园。它占地528公顷，其中仅有36公顷为人工栽培区，其余都是原始的自然区域。这里属于开普植物保护区[1]范围内，不仅拥有壮观的自然风景，也是全球生物多样性热点地区之一。

1　开普植物保护区
位于南非西南端，由桌山国家公园、野生自然保护区、国家森林公园和山区汇水盆地等8个区域组成，2004年被联合国教科文组织列为世界自然遗产。

基尔斯滕博施国家植物园最大的特色在于对南非本土植物的保护和展示。全园拥有7 000多种植物，分布在园内的各种特色园区中，比如药用植物园、节水植物园、香草园、苏铁园，以及南非本土森林和著名的凡波斯（Fynbos）植物群落。

凡波斯植物群落是南非特有的一种天然灌木林或欧石南丛生的荒野，覆盖了西南海岸的狭窄地带，以多样性著称，群落内包含超过8 500种植物，其中最具代表性的是山龙眼科植物（如南非国花“帝王花”）和欧石南属植物（全球有700多种欧石南植物，大部分都产自南非，被称为“南非特有种的皇后”）。这些植物在石英砂岩和石灰岩构成的贫瘠土壤中旺盛生长，通过蜜鸟和蚂蚁传粉，形成了极具特色的生态系统。此外，园区内也广泛分布着其他南非特有植物，如鸢管鸢尾属（*Watsonia*）[2]植物、非洲百子莲、大花天竺葵、好望角芦荟等。

2　弯管鸢尾属
鸢尾科下的一个属，包含超过50个物种，主要分布在南非。这个属的植物以其从球茎中生长出的剑形叶片和顶端带有漏斗形花朵的直立花穗而著名。通常在夏季开花，花色多样，非常适合作为园艺植物。

除了活植物，植物园内还拥有南非第二大标本馆——开普敦标本馆，馆内收藏了约75万件标本，涵盖了南非冬季降雨区的大部分植物种类。

基尔斯滕博施国家植物园不仅拥有丰富的植物景观，也是一个受欢迎的休闲目的地。园内有多条蜿蜒在山坡上的徒步路线，吸引着大量徒步爱好者。此外，该植物园会定期展出来自津巴布韦的石雕艺术，每年夏季还会举办户外音乐会，游客可以在美丽的自然环境中领略艺术与旷野的交融。

Yorkshireknight

特罗姆瑟北极-高山植物园 Tromsø Arctic-Alpine Botanical Garden

Erhard Nerger

在北纬69度的北极圈内，极端的气候令大部分生命难以生存，然而在一所大学校园里的一处不起眼的角落，却聚集了一群地球上生命力最顽强的植物，这就是世界最北端的植物园——特罗姆瑟北极-高山植物园。

该植物园位于挪威北部特罗姆瑟大学区内，于1994年开放，园内最具有特色的是北极苔原生态系统中的各种代表性植物，比如苔藓、地衣、垫状植物和矮小灌木等。这些植物可以在岩石缝隙或冻土中生长，具有很强的适应极端气候的能力，长期的持续光照和无光照环境使得它们的生长习性尤为特殊。一些植物能够在极昼期间迅速进行光合作用，在极夜期间进入“休眠状态”。比如该区域特有的斯瓦尔巴德罂粟（*Papaver dahlianum polare*，又名“极地罂粟”），它生长在海拔700~750米的冰碛砾石土壤、陡峭的山坡以及河流冲积裸露植被的地方，能够在短暂的夏季迅速生长和开花。此外，还有北极柳、熊果、簇绒虎耳草等。

苔原植物在长期的演化过程中形成一些共性：通常株型矮小且具备绒状结构（抗风、保温、减少蒸发），暗色叶子（更多地吸收热量），花型大且鲜艳（更多地采集太阳光并吸引昆虫授粉）。观察这些植物，人们可以获得一些对自身生命适应性的思考。

除了极地特有的植物，该植物园中还种植了许多挪威本土和其他世界各地的高山植物，比如从喜马拉雅山地区引种的绿绒蒿、落基山脉的回欢草等。来自中国四川和云南地区的杜鹃花属、龙胆属、报春花属等高山花卉在该植物园内的种植也很丰富。

该植物园虽处于北极圈以内，但生长于此的植物却能如此多样，是因为受到北大西洋暖流的影响，区域气候相对温和且冬季不封冻。这里的夏季气温虽然不高，但24小时的阳光为植物的生长提供了有利的条件。从5月中下旬到7月底，太阳始终在地平线之上，11月底到次年1月中下旬进入极夜期。一年之中，从5月底到10月中旬，都是园内植物生长的季节，该植物园也仅在此时间段内对外开放。

作为北极生态系统的代表区域，特罗姆瑟北极-高山植物园不仅展示了极地与高山植物的多样性，还在全球气候变化研究中扮演了重要角色。科学家也持续通过观察园内植物的生长周期、分布变化和遗传多样性，来评估气候变化对脆弱生态系统的影响。

Thomas Bjørkan

凤凰城沙漠植物园 Desert Botanical Garden in Phoenix

在美国西南部亚利桑那州的首府菲尼克斯（Phoenix），有一处地标区域——沙漠植物园。菲尼克斯又名“凤凰城”，在纳瓦荷语中意为“炎热之地”，这里地处索诺兰沙漠边缘，亚热带沙漠气候带来了极端炎热的夏季与温和的冬季，一年中日照时间可达约 3 900 小时。充足的阳光和全年的温暖，使得以仙人掌为代表的各类耐旱植物在沙漠植物园中旺盛生长。

该植物园占地约 57 公顷，栽培有 4 400 多种活植物，尤以仙人掌植物为特色。这里收集了全球最丰富的仙人掌科植物，物种数量覆盖该科全部物种的 2/3 以上，比如鹿角柱属（*Echinocereus*）、乳突球属（*Mammillaria*）、龙爪球属（*Copiapoa*）、仙人柱属（*Cereus*）植物。其中的旗舰物种是巨人柱（*Carnegiea gigantea*），在以美国西南部为背景的影视作品中，经常能看到它的身影，它是仙人掌科巨人柱属中唯一的物种，也是世界上最高的仙人掌品种之一，高度可超过 12 米，平均寿命约 85 岁，极少数甚至可以达到 200 岁。由于株型高大，它成为当地不少鸟类的庇护所，比如吉拉啄木鸟（*Melanerpes uropygialis*）会在其茎干高处挖洞筑巢，隼类等猛禽也会把它作为狩猎时的瞭望台。在植物园中观赏巨人柱时，不妨多留意这类有趣的生物现象。

开花时的巨人柱和吉拉啄木鸟

2010 年，凤凰城沙漠植物园被北美植物收藏联盟（NAPCC）指定为美国国家仙人掌科和龙舌兰科收藏中心。回看历史不难发现，该植物园对仙人掌的收集和保护从建园之初便开始了。1939 年，时任亚利桑那州仙人掌和本土植物协会会长的格特鲁德·韦伯斯特（Gertrude Webster）创办了凤凰城沙漠植物园，她为植物园的建设指引了方向。经过几十年的发展，该植物园也为展示和保护沙漠特有的生态系统做出了贡献。如今，凤凰城沙漠植物园已经成为全球沙漠植物研究和保护的重要机构，并持续开展沙漠植物及其栖息地的研究工作，包括发现新物种、保护珍稀濒危物种，以及为全球沙漠生态系统面临的新问题探索解决方案，例如气候变化和物种入侵等。

而对于前来观光的游客来说，凤凰城沙漠植物园的体验也尤为多元。为了方便游客探索不同的沙漠景观，该植物园设置了多条不同地形的徒步路线，包括沙漠自然环线、沙漠植物与人环线、沙漠野花环线等。漫步于蜿蜒步道，可以欣赏在如此炎热干旱地区生长出的美丽植物；穿行于山丘小路，可以留心观察偶然出没的野生鸟类和昆虫。除了游览沙漠植物景观，游客还可以了解到沙漠植物在食品、药品和建筑材料等领域的应用。此外，该植物园还会根据不同的季节或凤凰城当地习俗开展园区活动，比如花园秋季音乐节、动植物保护活动、沙漠美食节等。

Erhard Nerger

在世界上物种丰富的国家当中，巴西的地位极其特殊。它不仅占据了亚马孙雨林 60% 的面积，还同时拥有 2 个全球生物多样性热点区域（Biodiversity Hotspots）[1]——大西洋沿岸森林（Atlantic Forest）[2] 和塞拉多（Cerrado）[3]。这些地区的植物种类丰富、特有，且面临着较严重的威胁，而里约热内卢植物园就处于这样特殊的区位之间。

该植物园坐落于里约热内卢著名的“基督山”科尔科瓦多山脚下，占地面积约 140 公顷，园内收集了 7 000 多种热带植物，以凤梨、兰花、仙人掌等植物为主，也包括各类食虫植物和药用植物，以及 500 余个特有物种。

园内最受欢迎的景点之一仙人掌馆占地 3 000 平方米，由展览温室、凉亭和花坛组成。这里汇集了众多形态各异的旱生植物，比如本土植物量天尺（*Selenicereus undatus*），其果实就是我们所熟悉的火龙果。还有大戟科植物冲天阁（*Euphorbia ingens*），它和仙人掌科的牙买加天轮柱（*Cereus jamacaru DC.*）分布在不同大陆，具有截然不同的进化历史，但外形非常相似，这种现象被称为进化趋同（Convergent Evolution）[4]。游客在游览时，可以通过馆内的标识牌了解这些有趣的植物知识。该馆还设置了“塞拉多”、“卡廷加”和“雷斯廷加”等多个主题分区，以展示来自巴西不同生物群落的植物。目前，馆内共计收藏了 440 多种仙人掌和其他多肉植物，其中 85 个物种面临灭绝的威胁。因此，该馆的收藏对于这些物种的迁地保护具有重要意义。

除此之外，园内还拥有一些特别的明星植物，比如巴西的“国树”巴西木(学名香龙血树，*Dracaena fragrans*)——葡萄牙语中的“巴西”（Brasil）一词就源于这种红木（Pau-brasil）。全园标志性景观“皇家棕榈树大道”则由上百株菜王棕组成，这些树种植于 19 世纪初，最高的已达到 41 米。

这条棕榈树大道见证了这座植物园 200 多年的历史变迁。里约热内卢植物园始建于 1808 年，最初由葡萄牙摄政王约翰六世建立，创立初期的主要任务是引种驯化高价值的经济作物，尤其是原产于西印度洋群岛的肉桂、胡椒、肉豆蔻等香料植物，此外还专门建过茶园。1890 年，该植物园归巴西农业部管辖，之后科研工作发展迅速，建立了植物标本室、图书馆，重组了温室和苗圃，并与其他科研机构开展交流。

20 世纪以来，该植物园在国际范围内广泛开展合作，推动巴西植物的研究和保护。1992 年，里约热内卢植物园被联合国教科文组织认定为生物圈保护区。2008 年，该植物园在全球环境基金（GEF）的捐赠下成立了国家植物保护中心（CNCFlora），作为巴西生物多样性和濒危植物保护的国家参考基准。如今，这座植物园已成为南美乃至全球生物多样性保护的重要基地之一，也将继续作为“生命博物馆”守护这片珍贵的绿色。

里约热内卢植物园内的皇家棕榈树大道

1 **全球生物多样性热点区域**
指那些生物种类丰富且受到严重威胁的地区，其认定包括两个必要标准：包含 1 500 种本地特有的维管植物（占世界总量的 0.5% 以上），并且已失去其至少 70% 的原生植被。这些地区的保护对于维护全球生物多样性来说至关重要。

2 **大西洋沿岸森林**
位于南美洲东部，沿着巴西大西洋海岸线延伸，内陆延伸至巴拉圭和阿根廷的部分地区。这一生态系统涵盖了热带雨林、红树林和热带亚热带湿润阔叶林、热带亚热带干旱阔叶林、热带亚热带草地等类型。

3 **塞拉多**
位于巴西中部，覆盖了巴西高原的大片地区，包括森林稀树草原和山野稀树草原，是南美洲第二大生物群落。

4 **进化趋同**
是指不同物种在进化过程中，由于面临相似的环境压力或选择压力，而独立地演化出相似的形态、结构、生理特征或行为。这些相似性是为了解决相同的生态问题或适应相同的环境条件，而不是因为它们有共同的祖先。

全球各植物区系代表性植物园

植物区系	国家	城市 / 地区	植物园	建园时间	面积
泛北极地区 Holarctic	冰岛	雷克雅未克	雷克雅未克植物园 Reykjavík Botanic Garden	1961	4 公顷
	德国	柏林	柏林·达勒姆植物园与植物博物馆 Botanischer Garten und Botanisches Museum Berlin-Dahlem	1899	43 公顷
	俄罗斯	圣彼得堡	俄罗斯科学院科马洛夫植物研究所 Komarov Botanical Institute of the Russian Academy of Sciences	1714	23 公顷
		莫斯科	俄罗斯科学院总植物园 Main Botanical Garden, Russian Academy of Sciences	1945	361 公顷
	法国	巴黎	巴黎植物园 Jardin des Plantes, Paris	1626	24 公顷
	荷兰	莱顿	莱顿植物园 Hortus Botanicus Leiden	1590	4 公顷
	加拿大	蒙特利尔	蒙特利尔植物园 Jardin Botanique de Montréal	1931	75 公顷
		伯灵顿	加拿大皇家植物园 Royal Botanical Gardens（Ontario）	1941	1 093 公顷
	美国	圣路易斯	密苏里植物园 Missouri Botanical Garden	1859	32 公顷
		纽约	纽约植物园 New York Botanical Garden	1891	100 公顷
		华盛顿	美国国家植物园 United States National Arboretum	1927	180 公顷
		亚特兰大	亚特兰大植物园 Atlanta Botanical Garden	1976	12 公顷
		菲尼克斯	沙漠植物园 Desert Botanical Garden	1939	57 公顷
		丹佛	丹佛植物园 Denver Botanic Gardens	1951	293 公顷
		芝加哥	芝加哥植物园 Chicago Botanic Garden	1972	156 公顷
		夏威夷	威米亚山谷树木园及植物园 Waimea Valley Arboretum and Botanical Garden	1973	60 公顷
	挪威	特罗姆瑟	特罗姆瑟北极–高山植物园 Tromsø Arctic-Alpine Botanical Garden	1994	1.5 公顷
	日本	京都	京都府立植物园 The Kyoto Botanical Garden	1924	24 公顷
		冲绳	东南植物乐园 Southeast Botanical Gardens	1968	40 公顷
	西班牙	巴塞罗那	巴塞罗那植物园 Jardí Botànic de Barcelona	1999	14 公顷
	意大利	帕多瓦	帕多瓦植物园 Orto Botanico di Padova	1545	2.2 公顷
	英国	爱丁堡	爱丁堡皇家植物园 Royal Botanic Garden Edinburgh	1670	28 公顷
		伦敦	英国皇家植物园 Royal Botanic Gardens	1759	132 公顷
		泰特伯里	韦斯顿伯特植物园 Westonbirt Arboretum	1829	240 公顷

*此表格以植物区系进行划分，划分标准采用北京大学城市与环境学院宏观生态学课题组 2023 年发表的论文。
Liu Y, Xu X, Dimitrov D, et al. An updated floristic map of the world [J]. *Nature Communications*，2023，14: 2990.

（续表）

植物区系	国家	城市 / 地区	植物园	建园时间	面积
新热带地区 Neotropical	巴西	里约热内卢	里约热内卢植物园 Jardim Botânico do Rio de Janeiro	1808	140 公顷
		圣保罗	圣保罗植物园 Jardim Botânico de São Paulo	1928	143 公顷
智利 – 巴塔哥尼亚地区 Chile-Patagonian	阿根廷	布宜诺斯艾利斯	布宜诺斯艾利斯植物园 Jardín Botánico de la Ciudad de Buenos Aires "Carlos Thays"	1898	7 公顷
	智利	比尼亚德尔马	比尼亚德尔马国家植物园 Jardín Botánico Nacional de Viña del Mar	1951	395 公顷
撒哈拉 – 阿拉伯地区 Saharo-Arabian	埃及	开罗	奥尔曼花园 Orman Garden	1875	11 公顷
	卡塔尔	多哈	古兰植物园 Qur'anic Botanic Garden	2008	25 公顷
	约旦	安曼	约旦皇家植物园 Royal Botanic Garden, Jordan	2005	180 公顷
	以色列	恩盖迪	死海恩盖迪植物园 Dead Sea Ein Gedi Botanical Garden	1994	10 公顷
非洲地区 African	毛里求斯	庞普勒穆斯	西沃萨古尔·拉姆古兰爵士植物园 Sir Seewoosagur Ramgoolam Botanic Garden	1736	33 公顷
	南非	开普敦	基尔斯滕博施国家植物园 Kirstenbosch National Botanical Garden	1913	528 公顷
		约翰内斯堡	约翰内斯堡植物园 Johannesburg Botanical Gardens	1969	81 公顷
印度 – 马来地区 Indo-Malesian	马来西亚	布城	布城植物园 Putrajaya Botanical Garden	2001	93 公顷
	斯里兰卡	佩勒代尼耶	佩勒代尼耶皇家植物园 Peradeniya Royal Botanic Gardens	1821	59 公顷
	新加坡	新加坡	新加坡植物园 Singapore Botanic Gardens	1859	82 公顷
	印度	加尔各答	印度豪拉植物园 Acharya Jagadish Chandra Bose Indian Botanic Garden	1786	110 公顷
		班加罗尔	拉巴克植物园 Lalbagh Botanical Garden	1760	97 公顷
	印度尼西亚	茂物	茂物植物园 Bogor Botanical Gardens	1817	87 公顷
澳大利亚地区 Australian	澳大利亚	墨尔本	维多利亚皇家植物园 Royal Botanic Gardens Victoria	1846	400 公顷
		堪培拉	澳大利亚国家植物园 Australian National Botanic Gardens	1949	90 公顷
		珀斯	国王公园及植物园 Kings Park and Botanic Garden	1895	400 公顷
新西兰地区 Novozealandic	新西兰	克赖斯特彻奇	克赖斯特彻奇植物园 Christchurch Botanic Gardens	1863	21 公顷
		达尼丁	达尼丁植物园 Dunedin Botanic Garden	1863	33 公顷

Max Kukurudziak

为什么逛植物园？

杨潇

一个喜欢走路和重走的作家

常居地 大理、北京

常去的植物园 苍山植物园
中国科学院西双版纳热带植物园
香格里拉高山植物园

特别推荐 中国科学院西双版纳热带植物园、香格里拉高山植物园
云南省的生物多样性在全国"断层第一"，这南北两座植物园是很好的代表。尤其是香格里拉高山植物园，初看似废墟，越走越惊喜，且几乎没有游客。夏天去可以看到稀有的中甸刺玫（国家二级保护植物）和好几种绿绒蒿。

为什么逛植物园？ 植物园的节奏是不疾不徐的，既可以体会世界，也可以觉察自己。那里有巨大的荫翳和浓烈的绿，野花野草的香味能帮忙洗刷"人味"和"班味"。植物园往往也是城市中最好的观鸟点，如果细心，还会看到植物园里的各种生态系统，那是人类为数不多的谦卑时刻。

植物园对我来说是 不会离岸的挪亚方舟。

朱兜兜花园

播客圈的植物课代表

常居地 深圳

常去的植物园 深圳仙湖植物园
华南国家植物园
湖南省植物园

特别推荐 华南国家植物园
我们在那里录制过一期游园的播客节目，介绍了园内多个不同类型的温室，也看到了许多植物界有趣的自然现象，比如优美的"一帘幽梦"和残忍的植物绞杀现象。园内还设置了不同植物主题的节日，会觉得常去常新。

为什么逛植物园？ 我们喜欢在植物园里给自己家里的植物"认亲"，寻找自己养过的植物在植物园的"亲戚"，以及适合它们的养护条件。

植物园对我来说是 汇集了所有我们养过、养死、想养、养不了的植物，是从入园一直"哇"到离开的家庭园艺爱好者胜地。

央央 Wesley

去过 200 个国家公园的摄影师

常居地 杭州

常去的植物园 杭州植物园（西湖景区）
华南国家植物园
墨尔本皇家植物园

特别推荐 杭州植物园（西湖景区）
西湖本身就是一座巨大的户外植物园，广义的西湖景区包括杭州植物园、龙井、梅坞、南高峰、北高峰等，群山围绕，动植物资源非常丰富，甚至不乏百年古树，在徒步的时候遇见它们，我会非常开心。

狭义的西湖景区可以被视作园林，有很多人为赋予的意涵。比如西湖的孤山，明朝文人高濂在《四时幽赏录》中就写过"孤山月下看梅花"。那为什么孤山有这么多梅花呢？是因为北宋诗人林逋爱梅，所以在此种植了很多梅花，后人还给了他"梅妻鹤子"的雅称。由于这些典故，在西湖景区时我会感受到一种时空接力，贯穿着一座城市的过去和现在。

为什么逛植物园？ 第一，我从小喜欢博物学，对动植物都很感兴趣；第二，我是个户外摄影师，长期以树为对象观察创作。对我而言，植物园就像一个部落，里面的每一株植物、每一只昆虫都可以被视为部落的居民，我是那个闯入它们世界观察的人。作为户外摄影师，我喜欢以树为主题在植物园创作摄影项目，比如会观察、拍摄树的生长进程。

植物园对我来说是 一个可以随便躺下睡觉的地方。

湖面上的花瓣与树影
拍摄于杭州植物园

安辣

喜欢写乐评的宝可梦“皮皮”

常居地 深圳

常去的植物园 深圳仙湖植物园
昆明植物园

特别推荐 深圳仙湖植物园
因为住得近，它对我来说不像一个景点，只是去之前需要保证自己精力还算旺盛，起码能走上半天。之前的一次蕨类植物展览让我走进位置比较偏僻的蕨园，就像在一个自认为熟悉的地方闯进“藏宝地”，光是蕨类植物的纹理、形状等，就足以让我沉浸式观察一下午。

为什么逛植物园? 植物身上混合着脆弱的美与强韧的生命力，作为时常“麻木”的现代人，在了解植物园的过程中，会逐渐产生向植物学习如何自然生长的想法。我喜欢在植物园走路、观察植物和拍照。在走路的过程中我会慢慢地进入冥想，或者只是放空，随着山的形状行走着，感受身体和精神的韵律。看到值得记录的植物我也会拍下来发到社交媒体上——想要表达：这就是我和植物好好相处的一天噢!

植物园对我来说是 能够密集地认识和接触植物、挖掘宝藏的地方。

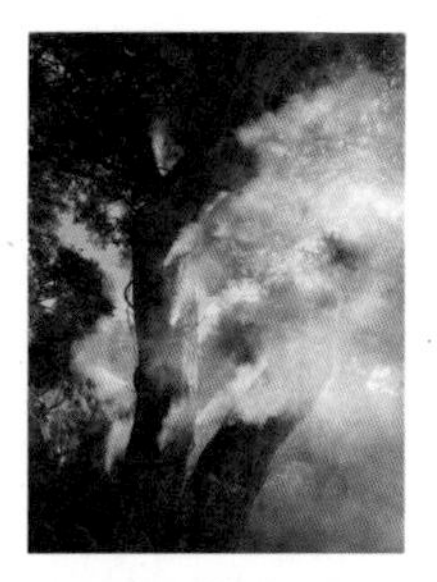

苏铁园的铁冬青与光雾
拍摄于深圳仙湖植物园

平枝栒子

自然教育从业者

常居地 西安

常去的植物园 陕西省西安植物园
秦岭国家植物园
上海辰山植物园

特别推荐 陕西省西安植物园
小时候的游玩，大学时的实习，工作后的社会实践，陕西省西安植物园伴随着我的不同生命阶段。它搬过一次家，告别了小巧的温室和葱郁的松林，移到了城市边缘，面积变大了，植物种类变多了，不变的是我每次去植物园的心情，总会有一些新开的花、新结的果在等我去遇见。它还是我最喜欢的工作伙伴，我每年都会带领很多学生和亲子家庭去陕西省西安植物园进行自然观察，我就像桥梁一样把他们与植物“连接”在了一起。

为什么逛植物园? 植物园能够直观反映一个地区的气候和植被类型，这会让我从不同的视角来观察、了解所处的城市环境。另外，植物园就像是一本立体的图书，我会在其中寻找对应的植物，以及它们叶的形状、花序类型、果实种子……

植物园对我来说是 寻找的“One Piece”，宝藏就藏在那里。

在忍冬荚蒾专类园观察的植物爱好者们
拍摄于陕西省西安植物园

青山

植物科普博主，瞎种植物也能活的“绿手指”

常居地 昆明

常去的植物园 昆明植物园
华南国家植物园
云南丰泽源植物园

特别推荐 云南丰泽源植物园
这座植物园在松华坝水库碧波之畔，第一次来我就认出了这是我童年梦里经常出现的场景：小溪流过一个院子，溪水里长满了海菜花，院子中央是一个巨大的水池，滇池金线鲃（国家二级保护动物）像游在空气里。小时候在洱海边经常看到海菜花，这是一种对水质要求很高的植物，现在已成了国家二级保护植物，云南丰泽源植物园是唯一一个可以看到成片海菜花生长的植物园。

为什么逛植物园? 自己种植物总会有各种限制，但是在植物园可以看到各种自己没办法种好的植物，它们在植物园的生长状态就像“开挂”一样，让人看着非常开心。

植物园对我来说是 我的家。

II

中国的植物园

中国植物园 2.0

植物园作为自然与文化的交汇点，汇集着丰富的植物资源，也记录着植物与人类文明相互依存的历史。中国植物园的发展经历了漫长演变，功能也经历过多次变迁，从古代的药用园圃和皇家园林，至近代开始出现科学植物园，可以说，华夏文明的发展史，也是一部使用、驯化、研究、保护植物的历史。今天，中国的植物园以独特的自然禀赋和人文环境，构成了一个多样化的绿色网络。

撰文 / 武治宇、周依　　编辑 / 杨慧

A 中国植物园的现代化：从 1.0 到 2.0

中国植物园现代化的开端，大致发生于 20 世纪二三十年代。以 1929 年始建的南京中山植物园、1934 年建立的庐山植物园为标志，中国植物园在保留古典园林精髓的同时，开始借鉴吸纳西方模式进行系统的植物收集、保存、分类等研究。

至 20 世纪五六十年代，中国的现代化植物园迎来第一个全面发展时期，沈阳、广州、北京、武汉等城市陆续开始建设植物园，并且随着规模扩大，逐渐从学术领地转向面对公众开放。

到了 20 世纪 80 年代，全球工业化带来的环境问题日益受到关注，生物多样性保护、生态修复等话题作为全球议题开始被广泛讨论，植物园作为全球生态体系建设的重要一环，地位和重要性进一步提高。中国的植物园也在这波浪潮的影响下，开始面向大众进行植物科普和环境教育工作。1983 年，南京中山植物园成立了科普组，这是国内植物园中最早建立的科普机构之一。

时间推进到 2021 年，中国在联合国《生物多样性公约》第十五次缔约方大会（简称COP15）上公布了第一批国家公园名单，中国开始拥有了自己的国家公园体系，与国家公园“在地保护”相辅相成的“迁地保护”体系——国家植物园体系，也在紧随其后取得进展。2022 年，国家植物园（北京）、华南国家植物园正式揭牌成立。这意味着，中国的植物园从 1.0 版本，更新到了 2.0 版本。

中国的国家公园与国家植物园（首批名单）

国家公园（以在地保护为主）	国家植物园（以迁地保护为主）
● 三江源国家公园	● 国家植物园（北京）
● 大熊猫国家公园	● 华南国家植物园
● 东北虎豹国家公园	
● 海南热带雨林国家公园	
● 武夷山国家公园	

为什么要做这样的版本更新呢？过去，国内各大植物园虽然已经在植物学研究、迁地保护、科普教育等方面取得了很多成果，但依旧相对孤立，缺乏统一的标准和协调机制。而建设国家植物园体系，将以更加宏观和具有全局性的视角，把现有植物园资源统筹规划、规范管理，进一步提升植物迁地保护水平。根据计划，我国将在典型气候带和典型植被特征区域建立多个国家植物园，逐步实现将 85% 以上野生本土植物、100% 重点保护野生植物种类纳入保护，构建一个相对完整的迁地保护体系。

B

中国植物园的发展现状

如今，中国已经拥有近 200 个植物园。从气候和地理条件看，中国植物园的分布覆盖了热带、亚热带、温带等不同气候带，寒温带和青藏高原寒带尚无植物园。其中，热带、亚热带植物园展现着丰富的物种多样性，温带植物园则以其四季分明的景色著称。还有一些植物园处于特殊的地理环境中，比如旱地植物园、高山植物园等。

根据设立机构和园区功能，中国的植物园大致可以分为 5 种类型。

中国植物园的类型

类型	建立背景与功能	代表性植物园
综合性植物园	大众最为熟悉的植物园类型，通常由政府与科研机构联合建设，占地面积较大，同时具备植物多样性保护、科学研究、科普教育、休闲游览等多种功能。	● 国家植物园（北京） ● 华南国家植物园 ● 上海辰山植物园 ● 中国科学院西双版纳热带植物园
科研植物园	由科研机构建立，重点聚焦于物种保存和科学研究。	● 沈阳树木园 隶属于中国科学院沈阳应用生态研究所，致力于收集、研究和保育国内外乔/灌木和花卉，包括珍稀濒危植物（东北红豆杉、黄檗等）。 ● 中国科学院吐鲁番沙漠植物园 通过对温带荒漠植物的种质储备、引种培育，进行当地的植被恢复和生态改善。
观光植物园	通常由林业或文旅部门建立，结合当地自然资源与人文景观，注重观光游览。	● 苏州市植物园 园区东临苏州石湖，包含多个山体，面积约 500 公顷，是国家AAAA级旅游景区。
教学植物园	由大学等教育机构建立，主要用于专业教学和研究。	● 中国药科大学药用植物园 位于南京江宁大学城，种植各类药用植物 1 000 余种，其活标本区按植物的生态要求和植物分类系统种植，是国内药用植物种质资源保存中心和教学、科研、实习基地之一。
专类植物园	由政府部门或企业建立，致力于特定植物类群的保护、展示与资源利用。	● 洛阳国家牡丹园 收集了 1 000 余个牡丹品种。 ● 福建仙卉园 收集了 2 000 余种仙人掌和多肉植物。

中国植物园的数量和规模还在不断扩大，而随着国家植物园体系建设，我们身边也将出现更多更高水准的综合性植物园，我们也将有机会在植物园里，重新认识自己与植物、与自然的关系。

参考文献

*廖景平，倪杜娟，何拓，等. 全球植物园发展历史、现状与展望[J]. 生物多样性，2023, 31.

*焦阳，邵云云，廖景平，等. 中国植物园现状及未来发展策略[J]. 中国科学院院刊，2019, 34 (12): 1351-1358.

*任海，文香英，廖景平，等. 试论植物园功能变迁与中国国家植物园体系建设[J]. 生物多样性，2022, 30.

通过数字了解中国的植物园

南京中山植物园是中国第一座国立植物园，始建于——

1929（年）

庐山植物园是中国第一座科学植物园，始建于——

1934（年）

2022（年）

国家植物园（北京）、华南国家植物园 2 个国家植物园正式揭牌。

截至 2023 年，中国拥有各类植物园近

200（个）

截至 2023 年，中国植物园迁地培育活植物约

2.9（万种）

其中，本土植物约

1.5（万种）

我国特有植物

5 957（种）

珍稀濒危植物

2 095（种）

国家重点保护野生植物

743（种）

分别占：

本土植物的	我国特有植物的
40%	37%
珍稀濒危植物的	国家重点保护野生植物的
59%	72%

数据来源

文世峰，周志华，何拓，等.《国家植物园体系布局方案》编制背景、程序、思路和重点考虑[J]. 生物多样性，2023, 31.

<特别精选>

中国的100个植物园

省级行政区	市/州/县	植物园名称
北京市	/	国家植物园
	/	北京药用植物园
天津市	/	天津热带植物观光园
河北省	石家庄市	石家庄植物园
	唐山市	唐山植物园
	保定市	保定植物园
山西省	太原市	太原植物园
	大同市	口泉植物园
	朔州市	金沙植物园
	忻州市	五台山树木园
内蒙古自治区	呼和浩特市	内蒙古自治区林业科学研究院树木园
	包头市	阿尔丁植物园
	赤峰市	赤峰植物园
辽宁省	沈阳市	中国科学院沈阳应用生态研究所树木园
		沈阳植物园
	大连市	英歌石植物园
		大连植物园
吉林省	长春市	长春动植物公园
	延边朝鲜族自治州	长白山东北亚植物园
黑龙江省	哈尔滨市	黑龙江省森林植物园
		金河湾湿地植物园
	鸡西市	鸡西动植物园
	伊春市	小兴安岭植物园
上海市	/	上海辰山植物园
	/	上海植物园
江苏省	南京市	江苏省中国科学院植物研究所（南京中山植物园）
		中国药科大学药用植物园
	无锡市	无锡太湖植物园
	徐州市	徐州植物园
	扬州市	扬州植物园
浙江省	杭州市	杭州植物园
		竹类植物园（浙江省林业科学研究院科研基地）
		浙江大学植物园
	宁波市	宁波植物园
	嘉兴市	嘉兴植物园
	湖州市	安吉竹博园
安徽省	合肥市	合肥植物园
	黄山市	安徽省林业科学研究院黄山树木园
福建省	福州市	福州植物园
	厦门市	厦门园林植物园
		厦门华侨亚热带植物引种园
江西省	南昌市	南昌植物园
	九江市	庐山植物园（江西省、中国科学院庐山植物园）
	赣州市	赣南树木园
山东省	济南市	济南植物园
		山东中医药大学药用植物园
	青岛市	青岛植物园
	潍坊市	潍坊植物园
	临沂市	临沂动植物园

（续表）

省级行政区	市/州/县	植物园名称
河南省	郑州市	郑州植物园
	洛阳市	国家牡丹园
	新乡市	新乡市植物园
	信阳市	鸡公山植物园
湖北省	武汉市	中国科学院武汉植物园
	宜昌市	三峡植物园
	恩施土家族苗族自治州	华中药用植物园
湖南省	长沙市	湖南省植物园
	衡阳市	湖南省南岳树木园
	郴州市	湘南植物园
广东省	广州市	华南国家植物园（中国科学院华南植物园）
		广东药科大学中药学院药用植物园
	深圳市	深圳仙湖植物园（深圳市中国科学院仙湖植物园）
	湛江市	南亚热带植物园
	东莞市	东莞植物园
	中山市	中山树木园
广西壮族自治区	南宁市	广西药用植物园
		广西壮族自治区南宁树木园
	柳州市	柳州市亚热带岩溶生态植物园
	桂林市	桂林植物园（广西壮族自治区中国科学院广西植物研究所）
	崇左市	中国林业科学研究院热带林业实验中心树木园
海南省	万宁市	海南热带植物园
		兴隆国家热带花园
	屯昌县	海南省林业科学研究院（海南省红树林研究院）枫木树木园
	乐东黎族自治县	中国林业科学研究院热带林业研究所试验站
重庆市	/	重庆南山植物园
	/	重庆药用植物园
四川省	成都市	成都市植物园
		中国科学院植物研究所华西亚高山植物园
	乐山市	峨眉山植物园
贵州省	贵阳市	贵州省植物园
云南省	昆明市	昆明植物园
		云南省林业和草原科学院昆明树木园
	西双版纳傣族自治州	中国科学院西双版纳热带植物园
	迪庆藏族自治州	香格里拉高山植物园
陕西省	西安市	秦岭国家植物园
	宝鸡市	宝鸡园林植物园
	咸阳市	西北农林科技大学树木园
	榆林市	红石峡沙地植物园
甘肃省	兰州市	兰州植物园
	天水市	麦积植物园
	武威市	民勤沙生植物园
青海省	西宁市	西宁市园林植物园
宁夏回族自治区	银川市	银川植物园
新疆维吾尔自治区	乌鲁木齐市	乌鲁木齐市植物园
	伊犁哈萨克自治州	中国科学院新疆生态与地理研究所伊犁植物园
	吐鲁番市	中国科学院吐鲁番沙漠植物园
台湾省	台北市	台北植物园
香港特别行政区	/	香港动植物公园
	/	嘉道理农场暨植物园
澳门特别行政区	/	澳门植物园

国家植物园

一座好的植物园是什么样子

北京市
海淀区

建园时间	南园始建于1928年，北园始建于1955年。2022年4月，"国家植物园"正式挂牌。	占地面积	总规划约600公顷，现开放约300公顷。
园区构成	由南园（中国科学院植物研究所）和北园（北京市植物园）共同组成。其中南园建有裸子植物区（松柏园）、壳斗科植物区（橡树园）、水生与藤本植物区（包含古莲池、王莲池等）、本草园等15个特色专类园，以及展览温室、植物标本馆、中国古植物馆等场馆；北园建有桃花园、月季园、海棠园、牡丹园、梅园、丁香园等14个专类园，以及展览温室和水杉保育区。		
植物数量	收集各类植物超过17 500种（含种及以下单元）。		
明星植物	水杉、梁山古莲、菩提树、德保苏铁、百岁兰、巨魔芋等。		
人气游览点	流苏猬实大道、牡丹园、月季园、展览温室、宿根花卉园、蔷薇科植物区、水生与藤本植物区、壳斗科植物区等（南园）；樱桃沟、展览温室、桃花园、梅园、卧佛寺、曹雪芹纪念馆等（北园）。		

撰文 / 林炜鑫　　编辑 / 周依、杨慧　　图片 / 林旷羽、国家植物园

国家植物园樱桃沟水杉林 牛猛

国家植物园从前更为人所熟知的名字是“北京植物园”，“南植”和“北植”给很多生活在北京的人留下了深刻记忆。2021 年，它又有了一个新的身份——经国务院批准，北京植物园与中国科学院植物研究所整合，国家植物园成立。北京植物园为“北园”，侧重科普与展览；中国科学院植物研究所为“南园”，侧重科研。2022 年 4 月 18 日，国家植物园正式挂牌。

在国家植物园官方网站的简介中，这座植物园是以开展植物迁地保护为重点，兼具科学研究、科普教育、园林园艺和文化休闲等功能的综合性场所，是国家植物多样性保护基地。那么这座植物园为什么能成为国家植物园？建立国家植物园又意味着什么？

游园攻略：

● 必打卡点

樱桃沟水杉林： 水杉挺拔、栈道幽幽，拥有离北京市区最近的峡谷景观。

展览温室： 北园和南园都有展览温室，可以看到巨魔芋、百岁兰等世界级珍稀濒危植物。

卧佛寺： 始建于唐朝贞观年间，因寺内有巨型卧佛像而得名，院内还有两棵高大的古银杏树。

曹雪芹纪念馆： 国内规模最大的以曹雪芹和《红楼梦》为主题的纪念馆。

● 季节推荐

春季： 北园的山桃是北京地区早春开花植物，与园内溪流叠瀑、远处西山，形成一幅春和景明的画面；南园古莲池北侧的流苏猬实大道，在春末夏初时节花开满树，是春季赏花打卡的好去处。

夏季： 北园樱桃沟水杉林人工喷雾开启，漫步林中，如梦似幻；

南园水生与藤本植物区有上百种睡莲，夏季盛开时的景象如同"莫奈花园"。

秋季： 北园湖边彩叶植物倒映在湖面，呈现浓郁的秋日色彩；

南园的银杏大道在秋天落下一地金黄。

冬季： 展览温室里，各色热带、亚热带植物像在夏季一样茂盛，充满生机。

● 特别提示

推荐一条"跋山涉水"徒步线：

从东南门进入植物园后，走东环线，可以看到鲜为人知的千金榆；穿过曹雪芹纪念馆，继续沿着东环线走进树木区，可以看到高大的雪松、樟子松林，还能寻觅到中国特有植物领春木；继续向西，能看到鹅掌楸林，走进根宿园能发现"植物界的大熊猫"珙桐；穿过木兰园进入樱桃沟，茂密的水杉林伴溪流而生；沿溪上山来到水源地，不仅能看到《红楼梦》中的元宝石和石上松，还能见到中国特有植物山白树；继续沿着山路可以开始强身健体的爬山运动，在植物园景区最高点俯瞰北京城。

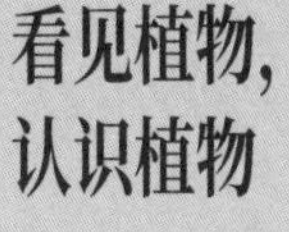

陈红岩

国家植物园（北园）科普馆副馆长

看见植物，认识植物

国家植物园北园以植物展览为主，是自然爱好者的胜地。沿着主干道一路走，会路过月季园、牡丹园、桃花园等各类花卉园，即便在陆生开花植物不那么多的夏季，湖面荷花照水，竹林葱翠，也别有一番意趣。

得益于北方四季分明的气候，园里的景致也四季各异：春天可以看山桃花、梅花、海棠、丁香、郁金香；夏天可以在满眼绿意的水杉林里避暑；秋天，各种彩叶植物变了颜色，倒映在湖面；而每到冬天，卧佛寺前蜡梅盛开，红墙映雪的景象总在朋友圈刷屏。

开花时的巨魔芋，通过模拟"腐肉"的气味来吸引苍蝇等食腐昆虫助其传粉

现在园里最热门的景观是樱桃沟。深入植物园西北角，过一座青石桥，脚下是清澈的溪流，头顶则是一片高耸的水杉林。每逢夏季，植物园会在樱桃沟打开喷雾，营造出梦幻的云雾效果，吸引许多人慕名前来打卡。

樱桃沟是离北京市区最近的峡谷景观，长约1千米。名字可以追溯到明代，当时人们在山涧两旁种满了樱桃树，樱桃沟因其山花、野趣而著称。有传闻说，曹雪芹晚年落魄时常来这里，《红楼梦》的灵感便来自樱桃沟内的元宝石。

除此之外，园里还有曹雪芹纪念馆等一众人文景观，红墙与青砖掩映于自然之中，甚至一条隐没在小桥下不起眼的石槽也有270多年历史，它曾是清代京西重要的水利设施。

要想了解一座植物园，从展馆中可以看出它更直接的表达。位于北园东南侧的科普馆是一栋两层小楼，主展厅经过精心设计，以"植物与人类生活"为线索，从衣食住行各方面展示千万年来植物与人类社会的关系。

像往常一样，副馆长陈红岩熟练地介绍起北园的特色植物：园内收集了三大"世界温室旗舰植物"——百岁兰、巨魔芋、海椰子，游客全年可欣赏到2 000余种热带和亚热带植物。但若论人气最高，还得是以"臭"著称的巨魔芋，它是世界上单体花序最大的植物，原产于印度尼西亚苏门答腊岛的热带雨林，被列为世界珍稀濒危植物。巨魔芋一生只开3~4次花，每次开花不超过2天，目前全世界人工栽培的巨魔芋中，有记载的开花次数也仅100余次。

2022年7月，植物园完成了3株巨魔芋的群体开花，为此举办了专门的展览活动。游客不仅看到了它开花时花苞的颜色、温度等变化，还能目睹不少苍蝇穿梭其中为其传粉，这是我国首次实现巨魔芋"从种子到种子"的全生命周期培养。

科普馆里展示的浸制植物标本

展示这些珍奇植物的目的之一，就是向大众做科普，陈红岩对此颇有感触。2006年她刚调来科普岗时，植物园的科普方式还特别简单，就是拉一条横幅，摆上桌子，把花放上去，"游客走过来问这花叫什么名字、怎么养，我们挨个解答"。

近些年，露营、骑行等户外活动兴起，生活在城市里的人们越来越渴望亲近自然，对植物园的需求也越来越多样。因此，植物园的科普团队策划了不同主题的活动，比如主要面向学生群体的生物多样性调查活动——学生手拿一份活动手册，按照线索把植物园里的植物"宝物"逐一找到；针对亲子家庭，则结合户外、手工和课堂，推出了"夜探植物园""生态博物课"等系列课程。

现在，每年来北园的游客近400万人次，人们对植物的兴趣和认知都在提高。植物园有一个公益活动——"专家带您识花草"，早期报名人数寥寥，而现在，每次活动招募的通知一发出去，几秒钟就报满了。一个年纪较大的退休老人参加了园内的植物学课程，结课后竟然自己做出了一张专业的植物检测表。还有一个花友已经可以给植物园的科研老师做助手，后来那位老师遇见陈红岩还提起这事，"那个花友比我组里的学生还厉害"。

拯救濒危植物

在北园西北角有一大片后备温室，用于栽培各类野外收集来的珍稀濒危植物。旁边的办公楼里，园艺专家把采集来的种子萌发、育苗，放在实验室观察，监测它们的生长状况。"顶流"巨魔芋就是在这片温室中生长起来的。另外，这里培育出的滇西槽舌兰、杓唇石斛等兰科植物近几年也频繁被媒体报道，受到大众关注。

滇西槽舌兰

主导滇西槽舌兰保育工作的人叫李爱花，是国家植物园的高级工程师。在北园的办公室里，她跟我们分享了自己和兰花的故事，频繁提到"迁地保护"这个词。

迁地保护就是把在野外生存可能受到威胁的植物迁到园内栽培、繁育，最终目的是让它们回归大自然，让这些物种得以延续。2022年挂牌之时，国家植物园迁地保护的植物已有15 000余种。2024年1月，园内收集的植物达到了17 500多种，其中珍稀濒危植物近千种。

对植物学家来说，兰科植物是一个巨大的宝库。兰科是开花植物中最大的科之一，有31 000多个物种，分布在740个属中，姿态非常丰富，且遍布全球，世界上每20种植物中就有1种是兰花。而滇西槽舌兰具有很高的观赏价值，它的叶子呈细长形，花朵呈白色，而且生长在干热河谷，耐旱、耐高温，很适合园艺。研究滇西槽舌兰后，未来还可以培育出更多抗旱的兰花新品种。

但最初，寻找野生的滇西槽舌兰并不容易。它是中国特有物种，只分布在云南西部和西北部，处于极度濒危（CR）状态。李爱花去标本馆只找到寥寥几份标本，仅有的线索是标本上记载的发现地址。在云南的野外深山，她跟着当地向导钻了好几个山林，快要放弃的时候才在一个山沟里找到。正赶上滇西槽舌兰果实成熟之际，结出的一两个果荚掉落了一些种子，她小心翼翼将部分种子收集回去。

与其他植物种子相比，兰花的种子内部没有提供营养的结构，栽培它通常依靠人工开发的培养基，这就很考验工程师的能力。李爱花和团队在实验室不停更换、调整培养基，才成功实现了滇西槽舌兰种子的扩增繁育。2024年4月，李爱花和同事筛选出适合滇西槽舌兰生存的地方林草研究所基地，将200多株三年生兰苗分批送了过去，正式开启它的近地保护，同时在原生境开展野外回归试验。

再久远一点，20世纪来到这里的水杉，也是迁地保护的典型例子。水杉在植物界有着"活化石"之称，远在一亿多年前的白垩纪时期就生长在地球上，经过第四纪大冰期后大多数种群灭绝。20世纪40年代，中国湖北地区首次发现了活体水杉，经我国著名植物学家胡先骕[1]、郑万钧鉴定命名，而后公之于世。后来，水杉种子被陆续寄给了全球近80个国家和地区种植栽培。樱桃沟的水杉是20世纪70年代栽种的，现在它已经成为中国北方最大的水杉保育区。

根据规划，国家植物园将对标世界顶级植物园，收集"三北地区"乡土植物、北温带代表性植物、全球不同地理区域的代表植物及珍稀濒危植物3万种以上，并将建立"国家植物种质资源库"，收集来自世界范围内的7万种植物种质资源，实现中国珍稀濒危植物全覆盖。

1 胡先骕
中国科学院植物研究所的前身——静生生物调查所的创办人之一，被誉为"中国植物分类学之父"。如今国家植物园樱桃沟的水杉亭侧岩壁上刻着他所作的《水杉歌》。

科研人员在实验室中进行种子萌发工作

李爱花在兰花组培实验室

亚洲最大的植物标本馆

出了北园，一路之隔就是国家植物园南园——中国科学院植物研究所（以下简称植物所）。这里的植物展示区更为集中，既有按科属细分的植物专类园，也有一个展览温室。不同的是，南园的专类园像是科研人员的“试验田”，温室则侧重于展示引种自全球热带和亚热带地区的植物，体现植物多样性的时空演化历史，里面的食虫植物室总是吸引很多小朋友参观。

许多人对植物的兴趣从认识植物开始，而如果要论肉眼辨别植物的能力，植物所标本馆副馆长刘冰应该可以赢过大多数人。他研究植物将近20年，认识的植物有1万多种，参与编著《中国常见植物野外识别手册》山东册和北京册，对于分类系统和各大植物类群都很熟悉。

我们与刘冰约在南园的标本馆见面。这里拥有300多万份来自全球各地的植物标本，是亚洲最大的标本馆。这些植物标本是研究植物分类、分布等信息的基本材料，也是《中国植物志》[1]的重要依据，最久的标本保存了100年以上。

在标本馆一层的一间工作室里，等待装订的标本堆积在两张巨大的工作桌和靠墙的储物架上。采集完一株植物之后，会用旧报纸进行压制，再用瓦楞纸和标本夹进行打捆，用烘干机烘干，制成干标本，然后送到这里进行装订、消毒、归档。每天会有100多份植物标本在这里制作完毕，进入馆藏。

前一天，刘冰与同事刚从东北考察回来，带回了大约300份植物标本。他告诉我们，他每年大约有三个月会去野外考察。考察主要分为两类：一类是区系采集，调查某个地区的野生植物，看看该地区都有哪些植物种类，或者是否有新的发现；另一类则是专门采集同一科或属的类群，以研究特定科属的植物。

有时候，一些新的大发现可能就发生在家门口。2008年，刘冰在北京门头沟偶然遇见一株紫草科草本植物，乍一看平平无奇，回去翻阅植物志却没查到什么信息。几年后，刘冰在西山脚下又发现了这一植物，就采集了它的标本拿回去研究，发现它的花冠喉部附属物是平的，果期宿存的花柱很长，形态与已知斑种草种类不太一样。他去标本馆查找，才得知早在20世纪30年代就有人在河北采过它的标本，只是标本上不容易观察喉部附属物的特征，果期花柱也容易折断，当时的植物学家误将其鉴定为多苞斑种草。2018年，刘冰与同事正式发表了这个新种，将它命名为长柱斑种草。

面对经年累月收集的海量标本，如何快速查找其中信息？从2003年起，我国就启动了标本数字化的工作，目前数字化标本达到1 644万条，并且支持在线共享。

被数字化的不仅仅是标本。在国家植物园的植物科学数据中心，我们看到了一个“植物数据的宇宙”。刚走进去，正中间的大屏幕几乎占满了一面墙，中心执行主任吴慧展示了一幅标记密集的画面——在这里可以看到国家植物园里各种植物的详细信息，精确到具体的一棵树。

这个数据中心目前拥有世界上记录物种最多的在线中国植物志、连续17年更新的中国生物物种名录，以及植物的彩色图像库，照片数量达2 000万张。每分钟，全球都有人通过数据中心上传或下载植物相关的数据。国家植物园一位工程师曾在这些照片里看到一种从未见过的植物，他随即联系到照片的拍摄者，询问该植物的发现地，后来经过研究，确认了这是一个新的物种。

在此基础上再结合人工智能，2016年拍照识图App（应用软件）“花伴侣”诞生，公众上传植物照片就能一秒识别植物。这样的公众参与对植物科研也有很大的帮助，根据人们识别植物的记录，植物学家可以分析当地的物种丰富度，以及物种的组合和相互关系。

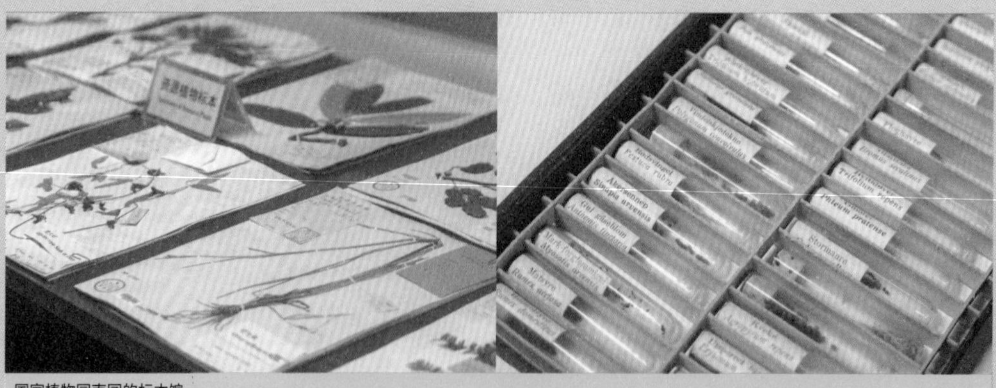

国家植物园南园的标本馆

1《中国植物志》
植物志基于植物分类学，记录、描述一个地区的所有物种，需要大量的植物标本作为编写依据。1916年至1919年期间，三位植物学家（钱崇澍、胡先骕、陈焕镛）先后从美国学成回国，组建研究机构，开始编撰中国第一部植物志。《中国植物志》从1958年成立编委会，历经几代学人，直到2004年宣告完成，全书共80卷126册，全面记载了中国维管植物301科，3 408属，31 142种。

植物和我们的生活

在人类社会早期，植物几乎贯穿人类的吃穿住行，但随着技术进步，植物似乎从人们的现代生活中“隐退”，成为供人们观赏游玩的景观。其实，植物与大众的距离远没有想象中那么遥远，而植物研究也不只是象牙塔里的孤芳自赏。

如果在国家植物园南园走一圈，你就会发现主路边上有一片葡萄田，那是植物所葡萄与葡萄酒科学研发团队的心血之作。每年7月底到10月初，葡萄集中成熟，路过葡萄田时隐约能闻到甜味。

研究员范培格是葡萄专家，熟悉市面上绝大多数的葡萄品种。她告诉我们，葡萄是经济收益来得最快、产值最高的水果之一，“葡萄属于结果比较快的果树，当年种植当年结果，是很多农村地区重要的经济支柱”。中国葡萄产量常年居于世界首位，但葡萄产业却面临一些关键难题——果实品质差、国产品种市场占有率低、生产成本高等，因此，研究葡萄很有现实意义。

夏季我国大部分地区潮湿闷热，葡萄易受病害，而冬季北方寒冷干燥，为了防冻，只能将葡萄深埋在土里，消耗巨大的人力物力。范培格和同事的工作，就是努力培育出耐寒抗冻和品质更好的葡萄新品种。在葡萄成熟期，除了定期观测、分析，他们还要担任“试吃员”，而且品鉴时不能剥皮和吐籽，“要看皮厚不厚、脆不脆、涩不涩”，哪怕碰到一些沾染了病害或者特别酸的葡萄，也要咬着牙尝试。

最终，她的团队选择利用我国本土葡萄属植物中抗寒能力最强的山葡萄与其他品种杂交，让杂交后代克服山葡萄“糖低酸高”的缺点，培育出了具有自主知识产权的抗寒酿造新品种。新品种口感更好，且在宁夏、甘肃、新疆、河北等主产区都可以露地越冬。

从一粒葡萄、一个标本、一朵兰花到整片森林，在国家植物园里，形形色色的植物与我们的生活发生连接。人与自然的关系，也在植物园的一方天地里浓缩呈现。每个清晨，附近的老年人会来园里遛鸟、晨练。春天，大批年轻人坐上西郊线来这里赏花“打卡”，做电子手账。到了暑假，孩子们又来这里参加科普夏令营。与此同时，科研人员也许正在实验室里攻克新的植物学难题。

一座好的植物园是什么样子？每个人心里或许都有自己的标准。但至少，国家植物园是一个所有进来度过几个小时的人在离开时都会回味的地方。

范培格和她栽培的葡萄

国家植物园夏季景色 牛猛

北园银杏松柏区的密林 牛猛

澄明湖的宁静午后 📷 牛猛

南园的水生与藤本植物区有 140 多种睡莲，包括中国科学院植物研究所自主培育的“双色蟹爪”“粉玛瑙”等特色品种，花期可从 6 月持续到 10 月初 米智宇

华南国家植物园

市民的日常休闲地

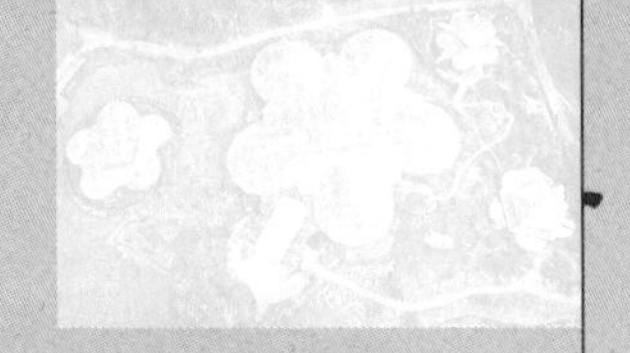

广东省
广州市 / 肇庆市

建园时间		1929 年	占地面积	319.3 公顷（广州园区） 1 133 公顷 （肇庆园区）
园区构成	广州园区	广州园区包含展示区和科学研究区。展示区包括展览温室群景区、龙洞琪林景区、珍稀植物繁育中心，以及木兰园、棕榈园、姜园等 38 个专类园区。华南国家植物园通常指的是其广州园区。		
	肇庆园区	肇庆园区即鼎湖山国家级自然保护区暨树木园。		
植物数量		迁地保育植物 18 000 余种（含种下分类单元）。		
明星植物		降香黄檀、越南篦齿苏铁、落羽杉。		
人气游览点		龙洞琪林景区、温室群景区。		

撰文 / 林炜鑫　　编辑 / 徐晨阳、杨慧　　图片 / 周怡辰、华南国家植物园

夏日傍晚的华南国家植物园“孑遗植物区”湖畔

细数国内的综合性植物园，华南国家植物园是少数能乘地铁直达的。站在摇摇晃晃的广州地铁 6 号线车厢内，我们竟有一种去逛城市公园的轻松感。很快，耳边响起地铁播报声，植物园站到了。从 A 口出，西行 370 米即到园区正门。

抵达时才刚过早晨 8 点，入园的游客多半是退休的老年人。许多来晨练的阿姨尤其喜欢植物园正门侧边的蜀葵，纷纷走过去拍照“打卡”。从大门进去，仿佛来到了一个传统的岭南公园。几棵高大的樟树遮蔽了地面青砖，不远处的湖水闪着粼粼波光。左右两边，紧挨着大门的大王椰子路，是许多人晨跑的起点。

初次见面，这座大城名园便极为亲和地欢迎着我们。

游园攻略：

● 必打卡点

龙洞琪林：富有特色的园林景观，是新“羊城八景”之一，
一边是热带风情的棕榈植物，
一边是四季分明的落羽杉，碧水桥坐落其中。

温室群景区：四个主题温室可以一览世界植物奇观。

药用植物园：有许多岭南特色药用植物和民俗药文化科普。

苏铁园：不仅有古老的苏铁类植物，还融入了流水造景和仿真恐龙模型，
像一个小型的“侏罗纪世界”。

● 季节推荐

春天：各类春花盛开，尤其推荐前往兰园、木兰园和杜鹃园。

夏天：水生植物园的睡莲、木本花卉区的紫薇花竞相开放；
苏铁园前面的分类区会有萤火虫出现。

秋天：园内的落羽杉呈大片红色，秋意很浓；
中心大草坪适合露营、野餐。

冬天：山茶园中的茶梅、山茶花开放。

王瑛

华南国家植物园园艺中心主任

李文艳

华南国家植物园科普课程讲师

是植物园，也是市民公园

华南国家植物园虽然身处市区，但它的规划总面积达300多公顷，光是走马观花地观赏一圈，便要花上至少半天。

矗立于道路两侧的大王椰子最早从古巴漂洋过海而来，树形高大，巨大的羽状复叶茂密且有环纹，树干光滑无分枝，是很好的园林绿化树种，常被种在大门或道路边作为行道树。

华南国家植物园入口处的大王椰子

在大门的另一边，科普课程讲师李文艳带我们逛了华南国家植物园的招牌景点——温室群景区。整个景区分为热带雨林室、沙漠植物室、高山植物室以及奇花异果植物室。四个场馆通过模拟不同气候条件，尽可能收录全球不同气候带的典型植物。“龟背竹”（*Monstera deliciosa*）叶片上的窟窿（又叫作“开背”）是为了在暴雨天疏水，传说中的“见血封喉”（*Antiaris toxicaria*）是真的有剧毒，“铁西瓜”（学名葫芦树，*Crescentia cujete*）可以挂在树上长达半年，可以吃但不好吃。

奇花异果植物室的明星植物——白锦龟背竹，叶片呈阴阳两色

我们问李文艳，大家来植物园对什么最感兴趣。她想了想说，很多人来看植物的第一个问题通常是：这能不能吃，有没有毒？他们会用很直接、很贴近生活的方式去了解植物的习性。在热带雨林室的一个木廊上，李文艳摘了一小片绿叶让我们品尝，我轻轻咬了一口，感觉尝到了蒜味。她告诉我们，这种植物叫蒜香藤（*Mansoa alliacea*），可以用来做香料。

提到吃，极富广州特色的药用植物园区便不得不去。岭南自古出良药，药食同源也是广州饮食文化中很重要的一部分。早在20世纪70年代初，当时还是中国科学院华南植物研究所的华南国家植物园便设立了药用植物园区。如今这里收集了1 000多种岭南药用植物，比如金银花、海金沙、岗梅根、火炭母等配制凉茶的中药植物，还有各种用来煲汤的香药植物。

在植物园闲逛的这一天，我们还发现，在不同的时间段进入植物园的人有很明显的不同。李文艳告诉我们："如果早上来，会发现最早的一批人是年龄较大的晨练者；到了上午，能看到不少带着孩子散步和野餐的人；下午会进来很多结队的年轻游客；而到了傍晚，会有一拨运动爱好者来这里跑步。"

由于离市中心很近，华南国家植物园的四周分布着小学、中学、大学校区，也有繁华的商业街和大片的居民小区。住在高楼的居民，站在阳台便能看到植物园的景色。植物园就像城市被划开的一道口子，在建筑与建筑之间，塞进了一抹绿色。广州市民的松弛感也在植物园里一览无余。草坪附近的石桌旁，四人成局，正在悠闲地打扑克牌；走到龙洞琪林的观景平台，则会发现有一群阿姨在学跳舞，大家似乎把植物园当成了一个日常休闲的去处。

这样闲适的氛围，背后其实隐藏着园区工作人员的"小心思"。比如我们在乘坐观光车时就发现，这里的车都没有喇叭，而是在驾驶座悬挂了一枚铃铛，碰到行人挡住路，司机会轻轻地摇动铃铛作为提醒，尽量不去打扰人们来此放松的心情。

药用植物园区里，吸引了一只蜗牛驻足的地涌金莲

在园区各处休闲的市民 黄雨雨、周怡辰

萧奉在广州生活了十几年，喜欢观鸟，经常穿梭于广州大大小小的公园、郊野、山峰，追逐飞鸟的身影。华南国家植物园的植被丰富，为不同鸟类提供了多样化的栖息地，是广州市区内最好的观鸟地点之一。今天萧奉来逛植物园的时候，手里始终握着一副观鸟专用的望远镜。

萧奉说，棕榈园是一个“小鸟食堂”，乌鸫和白头鹎喜欢站在树上吃果实，而红耳鹎会降临在树木之间的地面，寻找那些掉落的蒲葵果实，用尖嘴撬开果实的外皮，心满意足地取走果肉。据说在无人的清晨，白鹇会在旁边的大草坪散步。而走在路上，如果听到一种悠长、凄凉的鸟鸣，那很有可能是大拟啄木鸟的声音。

除了观鸟，萧奉还喜欢观赏园内的珍稀树种，尤其是落羽杉。落羽杉是原产自美洲的观赏树种，20世纪20年代，在国立中山大学农林植物研究所（华南国家植物园前身）成立之际，植物学家陈焕镛从美国加州大学交换了一批种子（种子交换是植物园之间开展国际交流的常见方式）。漂洋过海的落羽杉种子被广泛引种在广东各地，它们的叶子状如羽毛，春夏苍翠，秋冬棕红，能将四季的变化尽数展现出来。1958年，植物园开垦了一片展示区种植落羽杉，60多年后这片落羽杉林已成为园内最令人瞩目的景观。

或许是由于地理位置紧邻城市中心，华南国家植物园与广州市民的关系显得尤为近。亲和、有生活感，也逐渐成为华南国家植物园在大众视角下最突出的标签。广州人爱牡丹，因此植物园曾连续十年举办牡丹花展。位于粤北的韶关市翁源县被誉为“中国兰花之乡”，2020年在华南国家植物园举办的一届韶关兰花展，吸引了超过两万名广州市民入园打卡。2024年春节期间，植物园还推出了珍奇兰花展，一口气展出420余种各色珍奇兰花，成为城市的热门事。

萧奉

《新周刊》内容中心总监

观鸟攻略：

● 明星鸟类

暗绿绣眼鸟：	其鸣叫声是华南国家植物园必不可少的声音，在夏天早晨的榕树上尤其热闹。
红耳鹎：	拥有“杀马特”的酷炫发型。
乌鸫：	在草地上捉蚯蚓的能手，外号“百舌鸟”，叫声多变动听。
红头长尾山雀：	常集群活动，虎头虎脑，非常可爱。
领角鸮：	植物园新晋“网红”，常见的猫头鹰种类之一。
斑姬啄木鸟：	小型啄木鸟，常出没于植物园的灌木丛。
大拟啄木鸟：	植物园的明星鸟种，有稳定小群。
绿翅金鸠：	华丽的鸠鸽，常出没于有水源的森林边缘，胆小，不易看到。
赤红山椒鸟：	雄鸟为赤红色，雌鸟为鲜黄色，常集群活动或成对出没。

● 适合观鸟点位

子遗植物区、蒲岗自然教育径、中心大草坪周围树林。

●时间推荐

早晨：	观赏林鸟的最佳时间是早晨，此时为鸟类起床觅食的时间。
傍晚：	入夜前也有部分鸟类会觅食或择木而栖，可观察到一些觅食行为和聚集过夜行为。
夜晚：	寻找猫头鹰、普通夜鹰、林夜鹰等夜行性鸟类，一般情况下只闻其声，拍摄须借助热成像仪和手电筒。

● 工具推荐

望远镜：	8倍或10倍双筒望远镜，适合跟踪移动的鸟类，能够更好地捕捉到鸟类的整体行为和环境；15倍到70倍的单筒望远镜，常用于水鸟、繁殖鸟、猛禽迁徙等定点观鸟活动。
书籍：	一本记录当地鸟类信息的观鸟指南，如《中国鸟类野外手册》。
软件：	例如懂鸟App、中国观鸟记录中心小程序等鸟类信息识别工具。

园区内的常见鸟种——大拟啄木鸟

石元昊

冬季的落羽杉 朱正麟

水岸边林立的落羽杉膝根，这些露出地表的“气根”可帮助耐水植物在高水位环境中进行气体交换

“国家队”——百年植物园的新名片

建园近百年，华南国家植物园的身份有很多。作为我国设立最早的植物学研究和植物保护机构之一，它在漫长的历史中由于各种原因几度易名、迁址，如今扎根广州东郊。

1929 年 12 月 4 日，著名植物学家陈焕镛牵头创立了国立中山大学农林植物研究所，选址定在广州东山石马岗，当时植物所仅有一间办公室和一间标本室。1954 年，植物所改隶中国科学院，并易名中国科学院华南植物研究所。1956 年，植物所在广州龙洞建立华南植物园，在广东肇庆建立鼎湖山国家级自然保护区。2003 年，更名为中国科学院华南植物园。2022 年 7 月，华南国家植物园揭牌成立，成为我国第二个国家植物园，与国家植物园（北京）相互补充，初步形成了“一南一北”的格局。

“一南”之所以选中这里，源于其近百年的历史沉淀和雄厚的科研实力。

华南国家植物园主要致力于全球热带、亚热带地区的植物保护、科学研究和知识传播，其植物学、生态学、园艺学的学科排名位居全球前 1%。“全球目前有两个植物园领域的国际组织——国际植物园协会（IABG）和国际植物园保护联盟（BGCI）。IABG 的秘书长曾是我们植物园的前领导，而 BGCI 在中国设立的办公室就在我们这里。”华南国家植物园园艺中心主任王瑛说，华南国家植物园还是 BGCI 的最高级别成员，国际地位和影响力举足轻重。

在华南国家植物园工作多年，王瑛亲眼见证了植物园在科研领域取得的进步。她介绍道，在农学领域，华南国家植物园做了许多农作物起源物种的研究，比如水稻、大豆、番薯的遗传育种；还有经济作物（包括观赏植物与药用植物）的开发利用。另外，植物园有一个团队多年来始终在研究热带水果、蔬菜的保鲜和冷链物流，水平在全国居于前列。

华南国家植物园的自主选育品种——中科香妃朱顶红

降香黄檀，俗称“花梨木”或“海南黄花梨”，海南特有的珍贵树种，主要用于制作高级红木家具

除了科研成绩，一家顶尖的植物园还要承担起物种保育的重任。2022—2023 年，园内培育了大湾区兜兰、中科香妃朱顶红等 97 个植物新品种。珠江三角洲地区 75% 的乡土园林绿化植物也都源自华南国家植物园。目前迁地保育植物超过 1.8 万种，涵盖了华南地区各植物类型，其中珍稀濒危植物 1 000 多种，国家重点野生保护植物 500 余种。杜鹃红山茶、广东含笑、绣球茜等华南珍稀濒危植物完成了野外回归。

越南篦齿苏铁、降香黄檀，是华南国家植物园两大珍稀镇园之宝。据王瑛回忆，当年园内的科研人员从海南迁移了三棵降香黄檀，最后只有一棵存活下来。“我们做过评估，它的经济价值超过 2 亿元。”这棵树约有四层楼高，躯干挺拔，树叶繁茂，挡住了一大片阳光，它的脚下立着一块铭牌——“本株降香为 1957 年建园初期克服困难从海南引种”。

不同植物濒危的原因各不相同，有些植物是雌雄异株，有些植物是花期不育，有些植物种子坚硬不易发芽，有些植物即使有种子也难以繁殖。一个科学的闭环式研究链条涵盖以下环节：将在原生地难以繁殖或濒临灭绝的植物迁移到植物园栽培、繁殖，完成它的生活史，然后对其进行研究，扩大植物的种群，进而开发利用，最后将植物进行野外回归。

漫步在华南国家植物园，我们忍不住开始思考，今天的广州为什么需要一座植物园？

和李文艳聊天时，我们印象最深的不是那些各有特色的植物，而是她提到，在植物园上班时，每当觉得办公室有些闷，她就会下楼到园子里逛一圈，看看哪里开花了，哪里落叶了，植物发生一丁点的变化都会给她带来乐趣。在植物园的同事群里，经常有人分享园区的植物动态，然后一大拨人蜂拥而去，生怕错过了观赏的最佳时刻。

植物园实在是一个奇妙的地方。和钢筋水泥的城市相比，这里多了几分不确定性。人们通过植物园的形式，将野外的自然景观移植到城市里，按照喜好或科学原理去规划园区，但人力无法左右自然的力量，即植物长成什么样，何时开花结果，并不是绝对的。植物园内蕴含着庞大的信息量和超高的复杂度，当我们同时被上万种植物包围，会清晰地意识到人类认知的局限。就像王瑛说的，即便自己很熟悉这里，但肉眼能辨认出的植物物种，大概也只有三分之一。

植物园也是城市中最有包容性的地点之一。无论你是谁，只要进入植物园，总能找到一片属于自己的角落。在快节奏的城市中，华南国家植物园似乎有吞噬时间的魔力，它就像一个刹车片，让一切慢下来。而每一位身心疲惫的人，都会心甘情愿地交出自己的时间，换取来自植物与大自然的抚慰。

温室群景区的金刚纂

棕榈园的旅人蕉

上海辰山植物园

“网红”的台前与幕后

上海市
松江区

建园时间	2010 年	占地面积	207 公顷
园区构成	室内区域包含展览温室（热带花果馆、沙生植物馆、珍奇植物馆）、科研中心、综合楼；露天区域包含矿坑花园、春花园、月季园、药用植物园、城市菜园等专类展示园。		
植物数量	迁地保护活植物约 18 000 种（含品种）。		
明星植物	帝王凤梨。		
人气游览点	矿坑花园、展览温室、“樱花大道”、“孤独的树”等。		

撰文 / 芋泥　编辑 / 周依、杨慧　图片 / 阿玫、上海辰山植物园

上海辰山植物园拥有目前亚洲面积最大的展览温室群

开放于2010年的上海辰山植物园（以下简称辰山），在国内的综合类植物园中算是一个相对年轻的存在，也是大众认知中的“网红植物园”。打开小红书搜索园名，可以发现不少人用“上海的阿勒泰”“真实版莫奈花园”“塞尔达同款龙之泪”来形容园区内的某些景观，甚至有人评论：“逛辰山的过程，本身就像在玩一款开放世界游戏。”

让人好奇的是，这款游戏的地图是如何设计出来的？在“玩家”眼前的植物世界背后，又是谁在运维着这座绿色王国的服务器？

游园攻略：

- **必打卡点**

球宿根园： 植物种类众多，一年四季呈现出丰富的层次与色彩。

城市菜园： 各式各样的新鲜蔬菜，带人们重回田园生活。

香料植物区： 超过 200 种香料植物，每种都有其独特的芳香。

- **季节推荐**

春天： 清明节前后是全年的最佳游园期，樱花、喜林草等观花植物都盛开在这个季节。

夏天： 香料植物逐渐长成，球宿根植物的花也竞相绽放。

秋天： 禾草园、向日葵花地里的植物迎来花期，营造出调色盘般的秋日意境。

- **特别提示**

园中还设置了一系列“冥想点”等你来寻找，在这些地方闻花香、听鸟语，能够找回属于自己的片刻宁静。

胡永红

上海辰山植物园执行园长

“网红”植物园养成记

“网红”意味着流量，如何打造出网红打卡点吸引客流，是很多线下场地在规划期预先考虑的问题。而辰山的建园时间早于流量思维兴起之前，如今“火了”的这些打卡点，大多是自然而然形成的。执行园长胡永红对我们说：“热度的本质终究是共鸣，这些景观之所以受欢迎，大概是有某些东西拨动了大家的情绪。”

辰山人气打卡点——“孤独的树”

“孤独的树”就因为共鸣而产生。这里原本是园区 1 号门西侧山坡上一排常见的黄金树，其中两棵陆续凋败，唯剩中间一棵倚着蓝天绿草留在原地——平凡、孤独、迎风而立……人们从一棵树身上解读出不同的含义、捕捉到旷野的碎片，于是有越来越多人专程来拍照留念，最终成为一个园内的新景点。

园内散落在各处的“花海”也是引人驻足的热门景观。为了充分展现不同季节的植被变化，园艺师很少会在某个区域栽种单一植被，而是将不同色彩、不同株型的植物调和在一起。春季，冰岛虞美人高扬的花朵在蓝色喜林草（学名粉蝶花）映衬下，像是从冰川破土的高岭之花；秋日，毛茸茸的地肤包围着向日葵，给凉风蒙上一层暖意，原产于北美的粉黛乱子草也在此时迎来花期，爆发的花穗远看如一片粉色云雾海洋。

如果说上面的这些花还只是园内的“小彩蛋”，那么，每年 3—4 月，辰山的“樱花大道”足以吸引整个城市的目光。在园区专业研究人员的养护下，辰山的 2 000 余株樱属植物不仅生长速度快、种植密度高，而且涵盖了从早樱到中晚樱的 80 余种（及品种）——早樱期，可赏河津樱、大渔樱、椿寒樱、迎春樱等；中晚樱期，可赏东京樱花、普贤象樱、郁金樱等。樱花季的辰山，被人们形容已经美到“Next Level”（全新境界）。

以上这些“网红”景点的火爆，其实都与辰山建园之初的理念有关。千禧年初，胡永红曾前往邱园访学，在深入了解这座全球最具代表性的植物园兴衰历程之后，他意识到，植物园的本质虽然是自然科学的研究机构，但依旧应该顺应时代，或者说，顺应大众当下的需求。“很可惜，现在的邱园已经离公众有点远了，更像是一座科研人的象牙塔”，胡永红希望把辰山打造成一座亲切、有活力、与普通人息息相关的植物乐园。

春季的冰岛虞美人与喜林草

秋季的地肤和向日葵组成“调色盘”

秋季迎来花期的粉黛乱子草，像一团粉色云雾

辰山的“樱花大道”已经成为上海春季赏花的热门景点

辰山的设计框架，参考了国内外上百个植物园。最终，全园设计采纳了德国瓦伦丁设计小组的“绿环方案”：一条公路和一条河将园区划分为若干区块，由一道绿环将园区环绕成一个整体，呈现出篆体的“园”字。

三座主体建筑——综合楼、科研中心和展览温室，分布在园内三个角，代表了各区域的主要功能。多个植物小岛四散其间，通过小桥和浮板连接，形成一个个专类植物园。其中，这道关键的绿环高 6 米、长 4 500 米，用堆土方式抬高地面，其上种植了各大洲的代表性植物，形成一道天然隔离带，隔绝了外部的城市噪声，营造出宁静的园区氛围。

“硬装”结构规划好后，接下来就是填充“软装”。设计团队并没有拘泥于中西方传统园林、园艺的范式，而是本着更为人文的视角，仅以自然、美观、舒适为原则，按照植物类型和景观风格做划分，保证视野开阔，让植物和人真正地亲近——“每个视野都很漂亮，但又不会特别刻意”。

经过多年建造，辰山逐渐形成了“一山一环两坑N小岛”的格局。其中“两坑”指的是矿坑花园——在围护治理之前，辰山山体经过近一个世纪的开采，南坡几乎被削平，留下的几个矿坑险些被用来填埋城市垃圾。植物园选址确定后，“填坑计划”被叫停，由清华大学教授朱育帆带领的景观设计团队入场，在山上取点、采样，逐渐形成改造方案。今天，东西两个矿坑还留存着部分原来的风貌，山上的植物也被保留下来。东侧的崖壁、西侧由矿坑积水形成的深潭、采矿运输留下的坡道和微微露出水面的半岛一起，构成了整个景点的背景板。在这个背景板上，植物园设计了岩生植物区，收集了数百种岩生植物、芳香植物和药用植物。

“看不见”的植物园

“网红植物园”的另一面，在游客看不见的地方。作为华东地区野生植物迁地保护的关键基地，辰山园内种植的活植物数量庞大。这些植物背后有一个“后援团”——专业的科研与养护团队，以及规模几倍于展示区的后备温室，大部分植物也都经历了从野外到实验室再到植物园的过程。

经过园艺师常年的培育和养护，游客也可以看到这些凤梨科植物的最佳状态。在展览温室里，李萍带领团队在光照较好的热带花果馆打造了一座“凤梨山”。这里模拟凤梨野外的生存环境，布置了枯木、岩石、沟谷和山坡地。现在，凤梨山上已经种植了400多种凤梨科植物。

在展览温室（热带花果馆）内开花的帝王凤梨

比如园里的明星植物帝王凤梨。它属于卷瓣凤梨属体型最为庞大的种类，通常生长在巴西大西洋森林裸露的悬崖峭壁上，一生只开一次花，花开时可高达三四米。但在开花前，帝王凤梨要经历至少10年的生长期。

辰山首席园艺师李萍是“后援团团长”。在李萍日常工作的科研温室里，有1 500多种（含品种）颜色多样、大小各异的凤梨科植物。平时，李萍会格外关注那些长势较弱的植株。当新的植物被引进时，她会查阅植物原产地的生境信息，给其提供适宜的生长环境和养护措施，同时关注植物在生长过程中的细微变化。当栽培技术成熟、植物生长稳定后，她就把相关技术传授给养护人员，开展后续的日常养护。

她讲起这些植物时，就像在介绍自己的孩子们：彩叶凤梨以观叶为主，花序藏在叶丛深处，叶片丰富的斑纹和色彩尤为突出；强刺凤梨具有发达的钩刺，开花时的红色花序十分吸睛；凤梨科铁兰属的“空气凤梨”，叶片上常覆盖着白色的鳞片，用以吸收水分和养分，因此它们可以在空气中生长。而最有特色的就是卷瓣凤梨属植物，目前温室已收集了近20个种（含品种），李萍还通过杂交培育出了50余个新组合，有一些已经开花。

相比园艺栽培，研究植物标本的工作对大众来说更为神秘。辰山的标本馆里有一幅巨大的世界地图，在不同国家/地区的相应位置，摆放着对应采集地的标本材料。一旁的办公室里，放置着科研人员野外采集时的工具。另一个房间有一面墙的玻璃柜，陈列着形态各异的植物标本。20多万份标本的制作与储存，1 000余种珍稀濒危植物种子的保存，以及一系列精细复杂的研究，都从这里开始。

在标本馆工作就是每天埋头看标本吗？标本馆馆员钟鑫说，他有三分之一的工作是在野外考察。白天他和团队使用GPS记录位置，拍摄植物生长状态，采集植物的不同部位（叶、花、种子等），夜晚整理数据，以及压制、烘干标本。植物园的引种工作也并非从野外直接采挖，而是先去了解植物的特性和生长环境，采集种子带回标本馆或种质资源库，其中大部分会被保存在-20℃的冷库中，这样即使在数十年甚至上百年后，种子仍然可以存活、萌发，长成新的植株。

回到标本馆后，钟鑫和同事需要在室内对标本进行分类、鉴定、干燥处理以及记录和保存。标本馆和种质资源库平时也与其他研究机构交流互通，把这些资源通过多点分散存储进行“容灾备份”，防止自然灾害造成科研资源损失。

像这样的科研工作，看似很难与我们平时逛的植物园联系到一起，但实际上，这正是植物园作为植物学研究机构，隐藏在幕后的使命和价值。

李萍在科研温室观察第一次开花的自育卷瓣凤梨属新品种

标本馆办公室一角

旅人蕉独特的亮蓝色种子标本

种子标本收集管

标本被夹在报纸中进入干燥过程

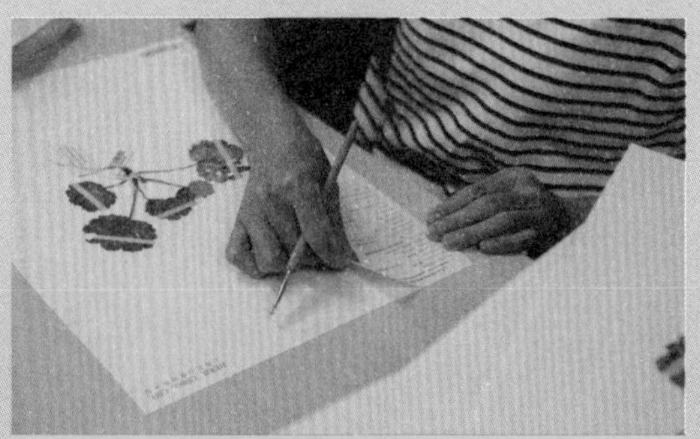

工作人员为处理好的标本贴上信息签

植物园的标本制作工具包

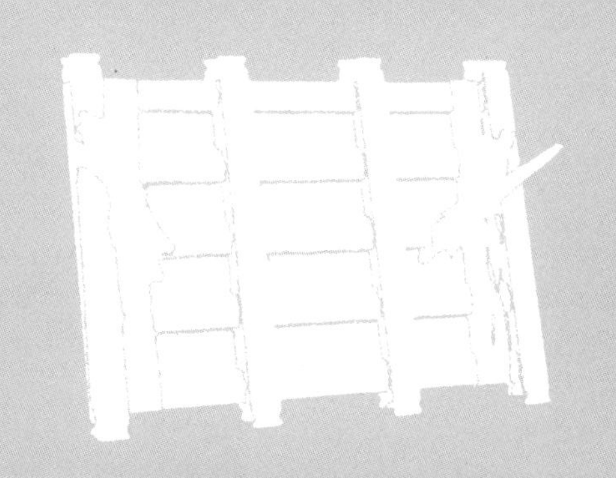

01 — 标本夹

比吸水纸略大，但不大于台纸，成对使用，压制新鲜标本。

02 — 瓦楞板

选用横向瓦楞硬纸板，有助于通风，加快制干标本。

03 — 海绵衬里

选取厚 2~4 毫米，不大于台纸的海绵，垫于衬纸或吸水纸下。

04 — 吸水纸

选用吸水性好的毛边纸，按不少于 8 层装订，不大于台纸。

05 — 衬纸

薄而坚固的折叠纸，在整个干燥过程中标本均置于其中，常用报纸代替。

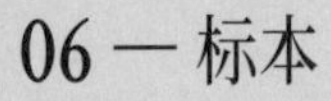

06 — 标本

选取有鉴定价值的植物全株或其带有花和/或果的一部分枝条。

07 — 条形码采集号标签

2 厘米×10 厘米的 PET 材质预印制旋转重复式背胶标签。

08 — 标本夹绑带

具备较大强度、耐高温和能够保持压力的材料。

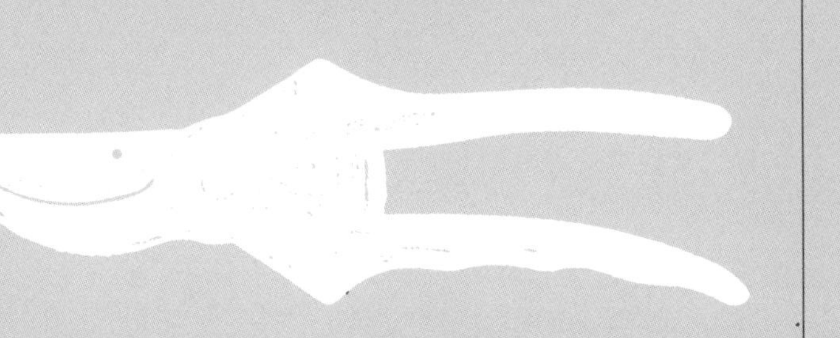

09 — 枝剪

用于修剪标本，最好兼具挖掘功能。

10 — 台纸

推荐奶油色的图画纸，42 厘米×29 厘米，不同标本馆间有差异。

11 — 采集号吊牌

2 厘米×5 厘米，一端打孔穿线，可预先设计格式后印刷。

12 — 采集信息签

详细记录标本采集信息，采用模板批量打印。

13 — 鉴定信息签

初次鉴定批量打印，新鉴定可留白手写。

14 — 花果袋

粘贴在台纸上，用于放置和保护标本上的细小部分或微型标本。

15 — 馆藏章

标本馆标识，一般带有标本馆全称或馆代码。

16 — 馆藏流水号条形码

以馆代码开头接 8 位流水号，统计馆藏标本份数。

人、城市、自然三重奏

开园十几年来，辰山持续更新着它的“副本”，在一些节点还会推出“限定活动”。

现代植物园不仅是自然的营地，还需要承载各种形式的活动和文化。英国皇家植物园就以摇滚音乐会出名，夏天的大型篝火派对能吸引两万人从下午玩到晚上；纽约植物园不仅有前卫的音乐节，还邀请艺术家办雕塑展。在“植物园+”的跨界实验中，辰山选择了音乐。

2011 年，上海广播电视台举办室外音乐会，全上海找场地，最后找到新开放的辰山。而早在建园时，辰山就在展览温室外预留了一块干净的草地，草地上的一圈圈台阶就变成了天然观众席。此后十几年，“辰山草地广播音乐节”都在这里上演。

除此之外，“辰山自然生活节”，以及与特色植物结合的“上海国际兰展”“上海月季展”“辰山睡莲展”等活动，让逛植物园成为很多上海居民周末放松的一种方式。据统计，现在来园内休闲娱乐的游客占 85% 以上。

有羊驼、山羊、孔雀等动物的“小动物园”，尤其受小朋友欢迎

在植物园打卡拍照之余，很多人也开始好奇植物本身的故事，于是，怎么做好科普就成了园方要思考的问题。2008 年，胡永红参与了美国一项针对儿童心理的研究，结论显示：儿童可以很快融入环境，通过运动把精力消耗掉，再通过科普活动获得知识，“每次一到两个知识点就足够，不需要填鸭式教育”。于是园里专门设置了很多个让孩子们释放精力的游戏区——依地形和植物建造的滑梯、树屋、爬网、沙坑，还有儿童园和“小动物园”。

顺着这个思路，辰山把科普放进了自然景观。春天人们扎堆涌向植物园，赏花、露营、野餐，在草地上一躺一整天，顺便就通过路边的标识牌认识了几种花草的习性。而在城市菜园、香料园、药用植物园等各种细分园区，人们又能感受到植物的不同特质。游客还可以选择适合自己的科普活动，比如小学生可以体验“辰山奇妙夜”科普夏令营和研学实践课，中学生可以参与“准科学家”培养计划，在家养花的绿植爱好者则可以选择上一堂“园艺大讲堂”。

这样一座好玩的植物园，以后还会有什么新玩法？一时的走红并不难，而辰山想要像国内外很多历史名园那样，成为“百岁网红”。为此，园里的每一棵树都预留了上百年的生存空间，这款大型游戏的“版本”也会继续更新。

在这样的叙事里，人、城市和自然是一场三重奏，紧密相依。植物是时间的标尺，而植物园是一个不会终结的故事。

园内尖顶红瓦的科普楼，被很多游客当作拍照背景

Coffea arabica 小粒咖啡

标本馆里展示的植物学分类图和标本材料

二岐鹿角蕨

水生植物园附近树林里生长的二歧鹿角蕨

园区三号门附近的旱溪花境景观

中国科学院西双版纳热带植物园

雨林里长出的乐园

云南省
勐腊县

建园时间	1959 年	占地面积	1 125 公顷
园区构成	全园分为东区（热带雨林和科研基地）、西区（主要游览区）。东区的景点主要包括沟谷雨林和绿石林；西区有榕树园、藤本园、棕榈园、荫生植物园、水生植物园、百花园、百果园、奇花异卉园等 39 个植物专类园，以及热带雨林民族文化博物馆等景点。		
植物数量	收集活植物 14 000 多种（含种下分类群）。		
明星植物	王莲、望天树、见血封喉、舞草、多花脆兰、蒟蒻薯、神秘果等。		
人气游览点	榕树园、水生植物园、百花园、棕榈园等。		

撰文 / 幺幺　　编辑 / 杨慧　　图片 / 叶枫荻、中国科学院西双版纳热带植物园

中国科学研究院西双版纳热带植物园的王莲池

这是一片占地约250公顷的原始热带雨林。从被苔藓覆盖的地表往上看，细密的蕨类植物叶尖交错，扁担藤在林间攀爬、缠绕，头顶的天空被巨大的树冠遮蔽，如果再往上，跟随林鸟的视线从高空俯瞰，这片雨林和西面的人工园林共同组成一个葫芦形半岛，澜沧江主要支流之一罗梭江环绕而过。在这个“葫芦岛”上，坐落着中国科学院西双版纳热带植物园（以下简称版纳植物园）。

傣族文化中有一句俗语：“没有森林就没有水，没有水就没有生命。”在当地人的心里，雨林是生命的源头，守护着这片土地上的生灵。而版纳植物园要守护的是这片雨林，又或许还有更多。

游园攻略：

● 必打卡点

百花园： 这里四季花开，是热带植物色彩集合地。

棕榈园： 汇集了椰子、槟榔、大王棕、贝叶棕等棕榈植物，展示着浓郁的热带风情。

“大板根”： 热带雨林里，四数木的板根像一堵巨墙，支撑着它高大的身躯。

“树瀑布”： 绿石林里生命力极旺盛的高山榕，在石灰岩的空隙间落下瀑布状的根系，构成“上有森林，下有石林”的奇特景观。

● 季节推荐

雨季： 5月—10月，王莲+萤火虫

热带明星植物王莲是叶片最大的挺水植物，叶展宽度可达2米以上。园内还有一项备受欢迎的体验活动——“我的王莲我的船”。

作为国内最佳萤火虫观赏地之一，园内每年5月起萤火虫进入繁殖季，到了夜晚，遍布园区的萤火虫飞舞在丛林间。

旱季： 11月—4月，兰花+观鸟

西双版纳是中国兰花分布最丰富的地区之一，每年4月至5月，园内会举办“自然之兰”花展，展出鼓槌石斛、球花石斛、金钗石斛、长瓣兜兰、瘤瓣兜兰、包氏兜兰等各色兰科植物。

园区内自然分布着319种鸟，包括紫金鹃、灰头绿鸠、褐喉食蜜鸟、橙胸咬鹃、黑头鹎等在国内较为罕见的鸟种。园内有多位擅长鸟类观察的科普讲解员，可以带领游客专程来一场“观鸟之旅”。每年11月，园内举办的观鸟节也吸引众多观鸟爱好者前来。

● 特别提示

推荐走进环境教育中心，欣赏“艺术邂逅科学”画展中的热带雨林中国画写生作品，或是走一遍“植物迷宫”，在凤尾竹林间穿梭，找回童年捉迷藏的乐趣。如果时间充足的话，还可以参加“夜游植物园”活动，感受夜间万物的另一种姿态。

杨振

中国科学院西双版纳热带植物园环境教育中心科学传播组组长

神奇生物的生存智慧

这是一个远离城市的植物园。它位于西双版纳傣族自治州勐腊县勐仑镇，如果从州府景洪市的嘎洒国际机场出发，开车要约一个半小时才能抵达。

更准确地说，这是一个从热带雨林里生长出来的植物园。从1959年著名植物学家蔡希陶组织建园至今，版纳植物园不但完好保护着一方雨林，还陆续收集活植物上万种，建造了39个植物专类区，目前已成为我国面积最大、收集物种最丰富、专类园区最多的植物园，也是世界上户外保存植物种数和向公众展示的植物类群数最多的植物园。

东区雨林中的“绞杀榕”，有着粗壮的气生根

热带雨林拥有超过全世界半数的动植物物种，并孕育出多层次的植被结构。在顶层，树木的高度通常在30米以上，树冠高耸出挑，被称为露冠层；第二层是由20~30米高的乔木构成的连续林冠层；第三层树高10~20米，由密集的中、小乔木组成，直射的光线很难穿透这一层；再往下，是小树层和灌木层；最底层则是耐阴的草本植物。

在这样的环境下，雨林植物为了争夺光照和养分，形成了多种特殊的竞争策略。

在版纳植物园东区，游客可以看到雨林中的十大现象，其中最为出名的就是“绞杀现象”。沟谷雨林中有一株上百年的“绞杀榕”，绞杀过程已演化到后期，被包裹的宿主树已经死亡并且腐烂殆尽，留下一个中空的树洞。由于潮湿的环境，榕树还会生长出发达的气生根来帮助呼吸，这些根系逐渐落地形成新的树干，构成“独木成林”景观。

再往前走，一棵高达数十米的四数木则采取了不同的根系生长方式。在其树干与地面连接处，延伸出多块翼状的侧根，宽达数米，这就是板根。有大板根作为支撑，它的枝干可以向更高处伸展。

在不易被人注意的角落里，一草一木也都有着各自的生存智慧，比如靠雨水授粉的多花脆兰。据负责版纳植物园科学传播工作的杨振介绍，这是园内科研人员近几年的新发现。大多数植物会避开雨季开花或在雨天闭合花瓣，而很多兰科植物因为需要某种特定的昆虫传粉，在野外的结果率通常不高，但是多花脆兰选择在雨季开花，且结果率非常高，引起了科研人员的注意。

四数木巨大的板根

科研人员持续观察多花脆兰，终于在一次下雨时记录到它雨水授粉的过程，又经过实验，发现它的花粉是防水的蜡质，雨水滴到花粉块上，翻转过来，就掉在了下面的柱头中，“相当于利用雨水提供一个动力，就不需要昆虫授粉”。

“自然界总有特例，”尽管已经在植物园工作10多年，杨振还是会经常感慨，“就像人们通常认为植物都是靠光合作用的，但也有一些纯寄生植物、真菌等异养植物，大自然总会带给人新的见识。”

2021年5月野象群到访版纳植物园，就在他的意料之外。那是17头野生亚洲象，从西双版纳国家级自然保护区勐养子保护区南下，进入版纳植物园东区，在雨林里逗留了一个月。这是版纳植物园少有的一次野象到访记录。

“这几头亚洲象非常聪明，在自然环境中取食完全没问题，可是它们尤其爱吃人类种的食物。”杨振说，近几年随着野生动物保护力度加大，动物也在不断扩展自己的生存空间。原本这群野象是渡过罗梭江觅食，但在回程途中生了一头小象，恰逢雨季，罗梭江涨潮，小象游不过去，象群就选择在版纳植物园停留。

最初，研究人员通过生态监测发现象群时，园里的工作人员都很激动，但又担心象群会对园里的保护植物造成破坏。园区用无人机和红外热像仪24小时监控象群踪迹，园内研究亚洲象的专家一起连夜制定应对方案。他们把珍稀植物区等区域保护起来，同时给野象留出觅食和活动的空间，待小象具备渡河能力，在合适时机引导它们踏上回归路线。

在这片土地上，植物、动物、人与环境的关系始终在变化，又在变化中维持着微妙的平衡。

01 — 滴水叶尖

热带雨林下层灌木和草本植物的叶子普遍有尾状的尖端，以便雨水滴落，例如菩提树的叶尖可长达数厘米。

02 — 独木成林

由于常年处在潮湿环境，一些树木会从茎干或枝节上长出不定根或气生根，从空气中吸收水分。不定根逐渐长大、下垂，触及土壤后便能继续生长成为支柱根。支柱根增多之后，这棵树从远处看就像是一片丛林。

03 — 板根现象

热带雨林中的一些高大乔木底部延伸出奇特的基根，形如板墙，被称为板根。这是乔木的侧根外向异常次生生长所形成的，是高大乔木的一种附加支撑结构。板根通常辐射伸出，最大的板根能延伸10多米长，10多米高。

04 — 绞杀现象

一些榕属植物（如高山榕、斜叶榕、黄葛榕等）会附生在其他树上，通过根系缠绕宿主树茎汲取营养，直到将宿主树绞杀至死。

05 — 空中花园

为了获得生存空间，雨林中的兰科等附生植物会在高大乔木的树枝上安家，到了开花季节，就出现了空中花园的景观。

06 — 老茎开花

热带雨林中也有一些树木会直接在粗壮的茎干上开花，便于被昆虫发现其花朵并帮助自己繁衍后代。

07 — 老茎结果

老茎生花的植物会在树干上结果，从而更容易让鸟类、食果蝙蝠等取食、传播其种子，同时粗壮的枝干也更能承受果实的重压，例如波罗蜜、炮弹果等。

08 — 藤本缠绕

藤本植物用藤茎缠绕和攀缘其他树木。热带雨林中的大型木质藤本植物非常丰富，例如扁担藤，其藤茎就像雨林里的水管，在雨林中迂回生长。

09 — 巨叶现象

为了适应林下幽暗的环境，一些植物会长出巨大的叶片以获得更多的光线，例如海芋，有些叶片大到可以供人避雨。

10 — 花叶现象

热带雨林中林下草本植物的叶片并不都是绿色，而是杂有红、黄、白等花斑。

守护一片热带雨林

西双版纳的热带雨林屹立了千万年时间，但真正得到外界的关注和研究，是从 50 年前开始。

从前，国际上一些知名植物学家、生态学家一直认为中国没有热带雨林。直到 1974 年望天树[1]在西双版纳被发现，这一认知才真正被打破。更受到科研人员关注的是，全世界的热带雨林通常分布在赤道附近，而版纳这片雨林却处于北回归线以南、热带北部的边沿，拥有独特的地形、地貌、植被和生物物种，因此极具研究价值。

1 望天树
龙脑香科植物，热带雨林标志性树种，高度可达 70~80 米，被称为热带雨林中的“巨人”。现已被列为国家一级保护植物。

版纳植物园研究员郁文彬常年从事热带雨林保护工作，他眼中的这片雨林有着更复杂的过往。

从刀耕火种的人类历史早期开始，森林砍伐现象就长期存在，但热带雨林作为地球上最稳定的生态系统，能够通过次生林演替不断循环再生。

20 世纪 50 年代，由于经济发展需要，我国云南、海南等热带地区大量种植橡胶，以保障国家战略物资供给。但随着橡胶树的种植，原有雨林面积减少，导致了生物多样性丧失和区域性气候变化等一系列生态环境问题。为了应对这些问题，蔡希陶等老一辈植物学家在版纳植物园建园之初，就开始探索原生森林保护和人工雨林恢复的方法。

到了 80 年代，版纳植物园建立了多种橡胶混农林模式，开展人工雨林恢复实践，在海南成功推广。如今，该植物园仍然有庞大的科研团队专注于研究生态恢复，为“退胶还雨林”项目示范地建设、物种筛选等提供支持。

郁文彬告诉我们，橡胶混农林就是在橡胶林中混合种植多种林下作物，例如当地少数民族口中的“跳蚤草”（勐腊毛麝香）。这种草收割以后可以用来提取制作精油驱赶跳蚤和蚊子，还可以入药。这样就可以在保护当地生态的同时，增加当地收入。

要维持雨林生态，更直接的方式是保护这里的生物。版纳植物园建园早期就在开展就地保护，主要采用的是把野生变为栽培等比较初级的做法。因为人为活动的干扰，很多物种在野外被过度采集或破坏，面临灭绝，园内科研人员就把它们收集回来开展迁地保护，将这些濒危物种人工扩繁，再放归野外。从 20 世纪 80 年代开始，版纳植物园就围绕珍稀濒危物种广泛开展迁地保护。

如今的沟谷雨林，不仅保存着热带雨林原生物种，也引种栽培了滇南的很多珍稀濒危物种，国家一级保护野生植物白旗兜兰就是其中之一。2003 年，园内研究人员在普洱一个咖啡种植园附近的小河沟岸边发现了几丛白旗兜兰。“当时全国只有这里发现了它，环境也非常危险，如果河岸垮塌或者那个种植园有改造，这个物种可能就消失了。”杨振说。

随后，研究人员把它们带回来进行研究、扩繁，栽培出上千株幼苗，并持续开展野外回归。如今，人工繁育的白旗兜兰已经作为一种观赏植物在园艺中使用。由于白旗兜兰合蕊柱的造型像一只青蛙，也被植物爱好者称为“小青蛙兜兰”。

版纳植物园人工繁育的白旗兜兰

现在，有 400 多种珍稀濒危野生兰花在植物园中得到有效保护。负责培育它们的是园林园艺中心植物繁育组，组长席会鹏曾在接受媒体采访时提到，周边的傣族居民喜欢养兰科植物，刚开始都是从野外挖采，而现在植物园会把保育、扩繁的植物送给他们，“有那么多人拥有的时候，它就不会再濒危了”。

不仅仅是兰科植物，在开展植物迁地保护过程中，版纳植物园保护的物种范围持续扩大，率先建成了我国第一个万种植物园。近年来，它还通过在全国范围内实施“本土植物全覆盖保护计划”，完成了我国近 2/3 本土植物的评估与野外考察，对 2 600 多种受威胁植物采取了保护措施。目前园内共收集活植物 1.4 万余种，其中珍稀濒危植物超过 1 600 种。

从生长在雨林里的热带植物，到更广阔的自然界，植物园守护着人类最亲近的绿色，再通过每一个到访的人将这份绿意传递。

雨季的罗梭江

保护自然，先爱上自然

相比雨林所在的东区，版纳植物园的西区更为大众所熟知，无论雨季还是旱季，都吸引着大批国内外游客前来游玩。到了暑期等旅游旺季，一天的游客量最多时会超过 5 000 人。

白天，人们可以在这里看到各种罕见而有趣的植物，比如叶片会随外界刺激而颤动的舞草、俗称箭毒木的见血封喉、食用后再吃酸物就会变甜的神秘果等，各自展示着自然的奇妙魔法。

到了夜晚，园区所有灯光关闭，四下寂静时，游客可以打着手电筒跟随科普讲师在丛林间行走，观察各色夜行生物。高大的棕榈、芭蕉树叶盘踞在夜空，风吹过时叶影摇晃，抬头仿佛能看见神明。如果有幸赶上初夏萤火虫繁殖季，还能看见成群的萤火虫在园区漫游，点点微光闪烁，就像大地上的星空。

这个夜游活动又被称作"乌兰（古傣语词汇，意为世间万物）魅影"，从2010年开展至今，已经成为园内最知名的特色科普活动。除了夜游，版纳植物园还有"百花探秘""雨林探索""闻香之旅""人与自然"等 8 个主题的研学活动，面向亲子家庭和青少年的雨林博物成长营、面向成年人的博物达人训练营也很受欢迎。现在，园内游客群体广泛，除了亲子家庭，还包括观鸟爱好者、自然摄影师，以及植物学、生态学相关专业的学生等。

实际上，版纳植物园是国内最早探索科普工作的植物园之一，在 20 世纪 80 年代就引入了"科普旅游"概念，并逐渐将科普范畴从植物本身拓展至环境教育，向公众传播更宏观的生态环境保护理念。

植物园如何传递这样的理念？版纳植物园环境教育中心副主任刘光裕说，一切从"好奇"开始。版纳植物园拥有丰富的热带植物资源，能够满足每个对植物有好奇心的人，成为人们认识全世界热带植物的窗口。而如果要了解以动植物为一体的复杂生态系统，热带雨林也是一个绝佳的场所。再进一步，游客能够通过感受人与植物的关系，重新理解植物背后的文化。"很多环境问题的根源其实在于人的心，想要让人们保护自然，先要让人们爱上自然。"

为了让人们有更直观的感受，版纳植物园还结合民族植物学研究制作了一系列纪录短片，展现植物在当地文化中的意义。世代生活在这里的傣族人对雨林的认知非常深入，其文学、艺术、饮食文化跟植物的关系都很紧密。比如傣族人种铁刀木，是因为它枝干易燃且生长迅速，很适合用来做柴火，这样就不必砍伐森林里的树木。刘光裕相信，当人们了解了这片土地，就会对它产生更强烈的尊重感。

常年在野外考察的郁文彬，对人和自然的关系有着切身的体会。"人类对自然来说是非常渺小的，它有自己的一套调控机制，很多时候，我们也不知道局部的环境变化是好还是坏。但既然很多物种濒临灭绝是由人类行为引起，那么保护它们就是我们应该做的。"在大自然面前，渺小人类的努力会是徒劳吗？郁文彬想了想，回答道："是不是徒劳我不知道，但至少我们努力了。"

西双版纳的古傣语为"勐巴拉娜西"，意思是"理想而神奇的乐土"。在这片万物有灵的乐土上，有一座植物园，正以它的方式延续着古老的自然传奇。

版纳植物园内的热带雨林民族文化博物馆

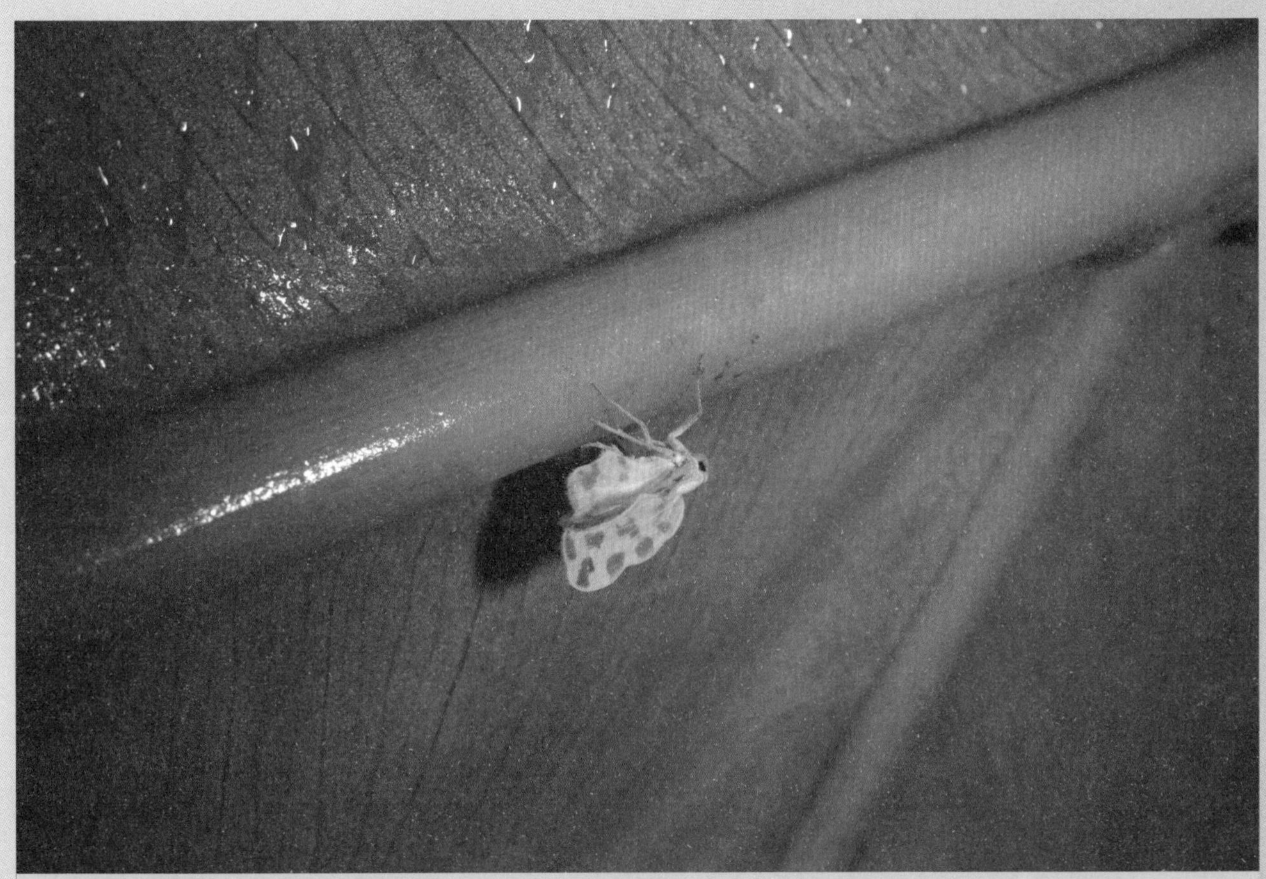

停栖在叶片背面的斑帛菱蜡蝉，翅膀上有黑色云雾状斑纹

正在啃食叶子的巨拟叶螽。这是我国体型最大的螽斯，也是园内的明星物种

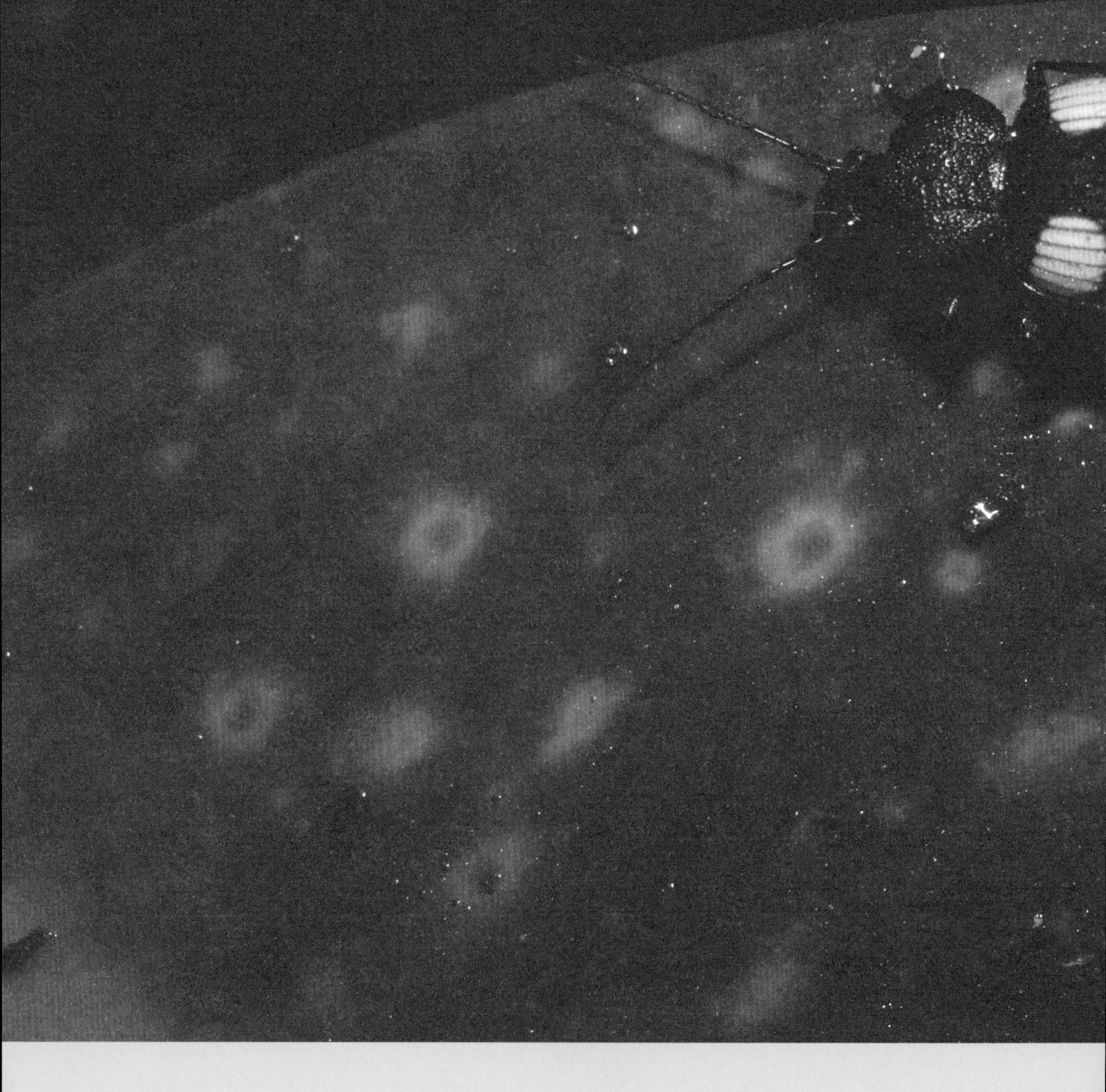

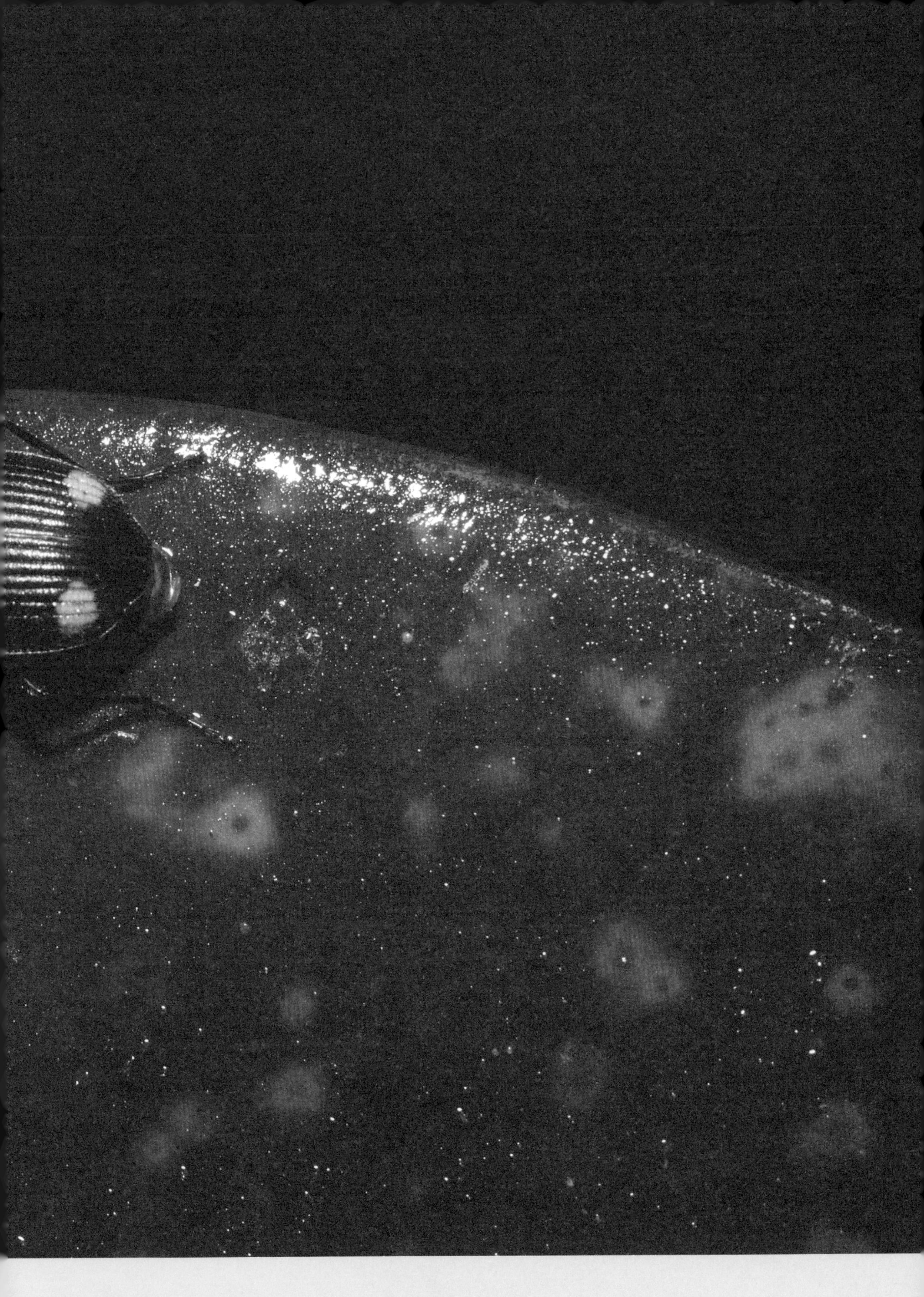

在夜间捕食的圆胸宽带步甲，身上有醒目的黄色斑点

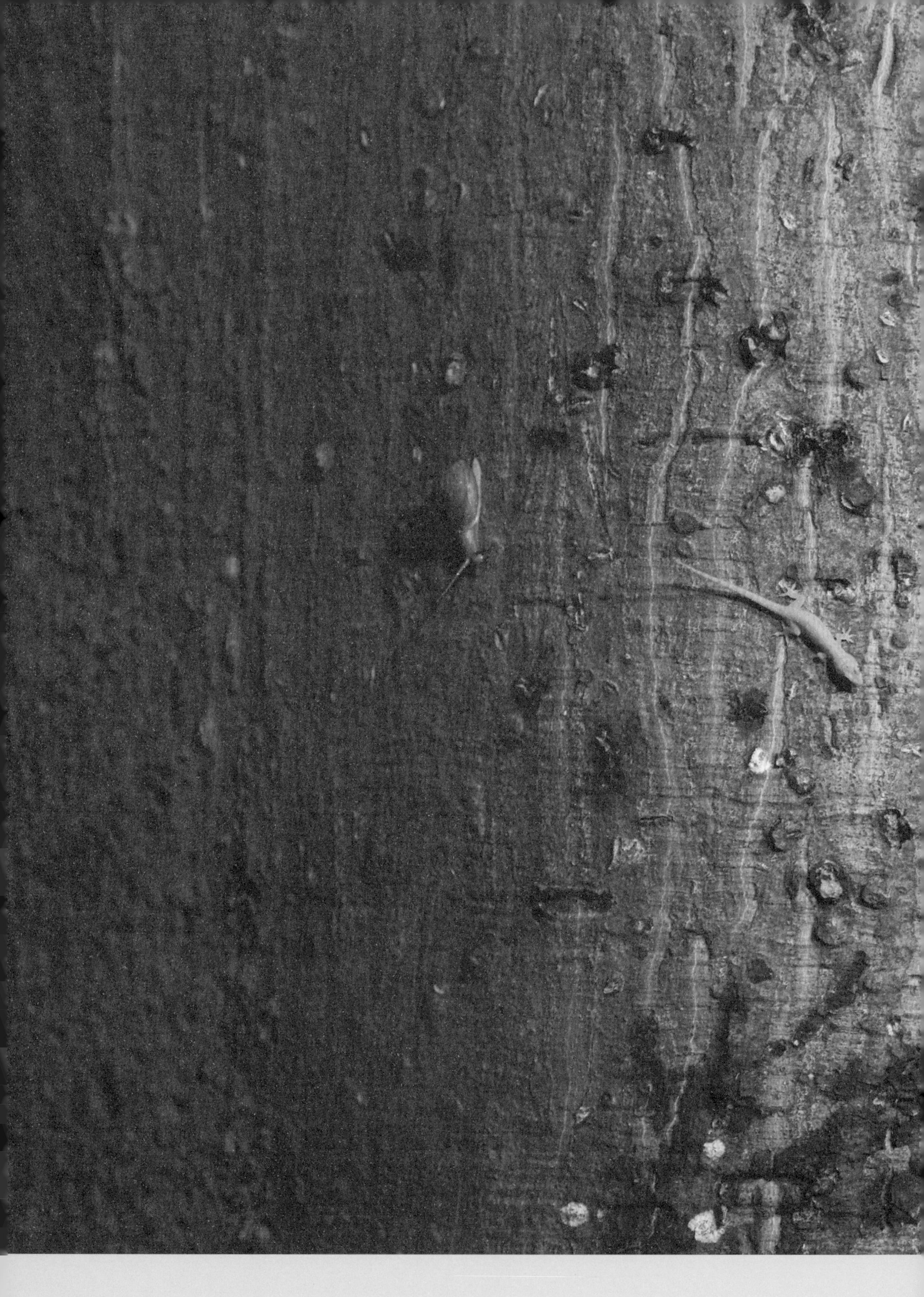

除了昆虫，夜晚的版纳植物园还有各类软体动物和爬行动物出没

版纳植物园东区雨林里壮观的“树瀑布”景观

百花园内盛开的洋金凤

中国的特色植物园

在中国的众多植物园中，除了前面介绍的几座大型综合性植物园，还有很多特色植物园，它们当中有的以面积取胜，有的拥有悠久的科研历史，有的坐落在荒漠或雪山脚下。这些植物园记录了中国大地上的自然奇观，不仅是生态保护的重要基地，也为人们提供了一个与自然对话的空间。

撰文 / 逯笑宇、徐晨阳　　编辑 / 杨慧

昆明植物园

云南省·昆明市

由于特殊的地理位置，云南孕育了国内最丰富的生物多样性和生态系统，也是国内进行植物学研究的重点区域。在自然禀赋和科研资源的双重加持下，坐落于昆明黑龙潭畔的昆明植物园经过近一个世纪的发展，俨然成为中国西南地区的一颗植物学明珠。

昆明植物园始建于1938年，如今隶属于中国科学院昆明植物研究所，是一所面对公众开放的综合性植物园，开放面积44公顷，分为东、西两大园区。园内有扶荔宫[1]温室群、山茶园、壳斗园、木兰园、金缕梅园、羽西杜鹃园、裸子植物园等28个专类园和展示区，收集并保育了超过1万种活植物。

在众多展示区中，最具代表性的要数位于西园的扶荔宫温室群，其占地4 200平方米，由主体温室、兰花馆、隐花植物馆、草木百兼馆和食虫植物馆5个场馆组成。这里是重要的国家野生种质资源战略保护基地，保育了2 500余个物种，其中大部分为珍稀濒危植物、特有植物和受保护植物（国家、省级重点保护野生植物和极小种群野生植物）。在2020年COP15举办期间，以扶荔宫为核心体验区的生物多样性体验园被设立为“COP15永久性成果展示点”。

主体温室是扶荔宫温室群中最大的馆区，内部高度近30米，螺旋上升的木栈步道模拟了穿行热带雨林的体验，配合景观瀑布的落水声，仿佛置身密林深处。食虫植物馆保育展示了近400种原生食虫植物，数量为全国植物园之冠。隐花植物馆集中展示了苔藓、蕨类等隐花植物，通过科普讲解向大众介绍这些地球古老生命的演化、繁殖方式和生态功能。温室群内还设有国内唯一的种子博物馆，通过2 040根透明亚克力柱陈列出形态各异的野生植物种子。

2015年，昆明植物园建立了全球首个极小种群野生植物专类园，用来保护那些在野外数量极少、濒临灭绝的植物种群。目前迁地保护的极小种群野生植物达到125种，包括国家一级保护植物华盖木、天目铁木、普陀鹅耳枥等。其中，1990年引种而来的天目铁木经过极小种群野生植物专类园的培育，在2024年迎来首次开花。

1 扶荔宫
名字取自汉武帝时期上林苑内的“扶荔宫”，当时这座宫殿专门用于栽培从南方移植至长安（今西安）的荔枝等佳果奇木。

游览路线 （推荐）

❶ | 东园线

山茶园→岩石园→竹园→中乌全球葱园（昆明中心）

❷ | 西园线

裸子植物园→扶荔宫温室群→枫香大道→木兰园→金缕梅园→极小种群野生植物专类园→百草园→蔷薇园→观叶观果园

扶荔宫温室群中的主体温室

庐山植物园

中国第一座科学植物园

在中国的众多名山当中，庐山以其秀丽的自然风貌和深厚的文化底蕴闻名遐迩。而在这片群山当中，还有一座中国中部地区的亚高山植物宝库——江西省、中国科学院庐山植物园（简称庐山植物园）。

庐山植物园位于庐山东谷大月山和含鄱岭之间，地处中亚热带北缘，海拔约 1 000~1 300 米，气候温和、多雨多雾，亚热带针叶林群系在此发育生长。松柏纲植物组成高大茂密的林海，林下植被也极为丰富，分布着各种蕨类、灌木和草本植物，与在此栖息的野生动物一起，构成了复杂而稳定的生态系统。

有了这样的自然条件，便不难理解，为何中国第一座正规的、供植物科学研究的植物园会选址在这里。1934 年，胡先骕、秦仁昌、陈封怀三位植物学先驱在此建园，在初建成的不到 10 年间，便收集了超过 5 万份经济植物标本和 2 万余份蕨类植物标本，被誉为当时"东亚唯一完备的蕨类植物标本室"。经过几代科学工作者的努力，目前的庐山植物园占地面积 300 余公顷，包含杜鹃园、松柏区、蕨苑、树木园、温室区、岩石园、猕猴桃园等 17 个专类园区，迁地保育植物 9 000 余种，其中珍稀濒危植物 704 种[1]，是国内植物多样性保护的重要基地。特别是在杜鹃花属植物、松柏纲植物、蕨类植物和水生植物的引种保育方面取得了丰硕成果。

杜鹃花属是一个包含超过 900 余种植物的大属，而中国拥有世界上最大的杜鹃花种类多样性，占世界已知种类的 50% 以上，它们是山地和亚高山森林生态系统中的关键物种，在植物进化研究中也具有重要价值。庐山植物园在建园之初，就将杜鹃花作为重要的科研方向，目前已是国内收集保育杜鹃花种类最多的植物园之一，并且拥有国内面积最大的杜鹃花属种质资源圃，其中不乏小溪洞杜鹃、江西杜鹃、井冈山杜鹃等濒危特有种。每年春季，300 余种杜鹃花竞相绽放，叶圣陶曾赞其："五月庐山春未尽，浓绿丛中，时见红成阵。"

1　数据来源
中国科学院庐山植物园年报编辑委员会. 江西省、中国科学院庐山植物园简报 2024 第一期 [EB/OL]. www.lsbg.cn/jianbaonianbao/1780.html.

除了花，庐山植物园的树也颇具特色。这里是国内重要的裸子植物保育区，260 多个品种的松、柏、桧挺拔而立，包括中国特有种金钱松、华南五针松、大别山五针松、福建柏、丽江云杉、南方红豆杉等；以及从国外引种而来的美国花旗松、日本扁柏、意大利松等，形成了"南北松杉竞秀，东西桧柏争荣"之景。

松柏区的亚热带针叶林

游览路线（推荐）

松柏区→国际友谊杜鹃园→药圃→温室区→岩石园

秦岭国家植物园

作为我国中部重要的地理分界线，绵延 1 600 千米的秦岭以其复杂的地貌，为不同生命提供了多样化的栖息环境。这里不仅是大熊猫、秦岭金丝猴、羚牛等动物界旗舰物种的家园，也孕育了丰富的植被类型和多样化的生态系统。

秦岭国家植物园地处秦岭北坡，距离西安市 70 千米，规划面积 639 平方千米，其中就地保护区面积 575.31 平方千米，包含高山、中山、低山、丘陵和平原 5 个地貌单元，相对高差最大 2 417 米，气候垂直变化明显，生物多样性极为丰富，自然分布着秦岭冷杉、水青树、太白贝母、太白山紫斑牡丹、杜鹃兰等国家重点保护野生植物。

秦岭国家植物园的特别之处也在于此，它并非大众印象中的“标准式”植物园，更像是在一座植物园的基础上，额外添加了一整片自然原生地。作为游客，来这里除了看植物，还可以多关注植物所处的完整生态系统中的其他要素。园内除了已记录的 1 600 余种植物，还拥有 150 多种动物和 2 000 多种昆虫，其中包括 40 余种国家一、二级重点保护野生动物。

上述是秦岭国家植物园中相对“野”的部分，对于大众来说，可以按照“一河三湖四馆六区十八园”的路线来游玩。“一河”是指园区内流域面积最大的河流——田峪河，每年夏季会开放徒步溯溪路线，游客可以在此享受清凉。“三湖”指的是翠湖、太极湖和枫叶湖，它们分布在由西向东的一整条游览线路中，沿线分布着“四馆”，包括温室馆、标本馆、科普馆、古生物馆。“六区”涵盖了水生植物区、花卉引种试验区等区域。每逢春夏，位于花卉引种试验区的花园沟便会迎来百亩花田盛开的景象，数十万枝月季构成了一道“空中花廊”。“十八园”则包括木樨园、海棠园、竹园等专类园。

参考文献

徐哲超，张勇，刘佳陇，等. 秦岭国家植物园重点保护野生植物名录更新[J]. 耕作与栽培，2023，43(2): 94-98.

夏季的田峪河溯溪线 📷 牛冰露

游览路线 （推荐）

❶ | 观光 1 号线

科普馆→海棠园→梅园→银杏园→枫叶湖（温室馆）→槭树园→百果园→蔷薇园→木樨园→千屈菜园（标本馆）→蔬菜园→木兰园→迷迭香种植区→花园沟上站→花园沟

❷ | 观光 2 号线

田峪河溯溪体验（夏季开放）

深圳仙湖植物园

广东省·深圳市　**中国第一个珍稀濒危植物迁地保护中心**

深圳仙湖植物园（以下简称仙湖植物园）位于深圳市罗湖区东郊，东倚当地第一高峰梧桐山，西临深圳水库，占地668公顷。这里背山面水，雨水充足且气候宜人，素有“凤凰栖于梧桐，仙女嬉于天池”的传说，如一片隐世仙境，因此得名“仙湖”。

仙湖植物园的设计是我国风景园林传承与创新的典型。始建于1983年的仙湖植物园融合了中国三大园林体系的精华，既有北方园林的雄浑风格，又巧妙借鉴了江南园林的灵动与岭南园林的诗意。园区以“仙湖”为中心，将数个植物专类园融入山水，亭台楼阁点缀其间，因山构室，就水安桥。

园内有人行步道和登山道近20条，全长约25千米，连接各景点及植物专类园区。环湖步道是赏山水和植物的最佳路线，沿途楼阁、桥景不断，林草茵茵，湖光山色尽收眼底。木兰径至半山径路线全程穿行于树林中，环境极为清幽。桫椤径伴随着幽静的小溪而行，大部分道路被茂密的次生林覆盖，蜿蜒穿越溪流两侧。

仙湖植物园目前建有20多个植物专类园和保育基地，包含国家苏铁种质资源保护中心（也称苏铁园）、木兰园、珍稀树木园、阴生园、百果园等特色园区，另外还有湖区、庙区、化石森林景区等六大景区。园内保育的活植物约1.2万种，其中在苏铁类、蕨类、苔藓类植物类群的收集保育上处于国内先进水平。

仙湖植物园的苏铁园是我国第一个珍稀濒危植物迁地保护中心，也是全球苏铁类植物重要的收集和研究机构。园内收集了240余种苏铁类植物，都是仙湖植物园的“宝藏明星”，有形如竹枝的德保苏铁、模拟岩石的石山苏铁，以及以仙湖命名的仙湖苏铁等，一株株宛若展翅的雀鸟。“铁树开花”的景象在此不足为奇，比如极危物种灰干苏铁曾在仙湖开出了全世界唯一的雌球花。

作为国家级蕨类种质资源库，仙湖植物园的蕨类中心保育了约1 000种蕨类植物，是中国大陆蕨类植物保育种类最多的蕨类基地。园内也不乏一些珍稀濒危的蕨类植物，如中华水韭、荷叶铁线蕨、东方水韭等。

仙湖植物园还有一处仙气十足的“打卡胜地”——幽苔园。它是我国植物园里第一个以苔藓为主题的园林景观，建在仙湖植物园的一条溪流旁，溪水从梧桐山上流下，为苔藓提供了湿润的栖息环境。30多种苔藓生长在腐木或岩石上，有长得像羽毛的羽藓，有喜欢匍匐在水边、叶片薄透的匐灯藓，等等。这里最大限度地保留了苔藓自然生长的环境样貌，每天上午阳光照进园内时，颇有“返景入深林，复照青苔上”的意境。

游览路线（推荐）

两宜亭→蝶谷幽兰→幽溪→苏铁园→弘法寺→蕨类中心→棕榈园→湖区→盆景园→水生园→仙人掌与多肉园→化石森林→深圳古生物博物馆→揽胜亭→天上人间

仙气十足的幽苔园 Bearstro

中国科学院吐鲁番沙漠植物园

新疆维吾尔自治区·吐鲁番市

海平面之下的植物园

想象一下这个生存环境：海拔-105~-76米，夏季地表最高温度超过80℃，年降水量仅16.4毫米，年蒸发量却有3 000毫米，一年中约有28天风力超过8级。

以上描述的，正是位于亚欧大陆腹地的吐鲁番市，这里向来以“低、干、热”闻名，风沙流速位居全国之首，有“火洲”和“风库”之称，恶劣的自然条件对于任何生命都是严峻的考验，然而在漫漫黄沙中，却诞生了一座植物园。

中国科学院吐鲁番沙漠植物园（以下简称吐鲁番沙漠植物园）坐落在吐鲁番盆地腹心经过治理的流沙地上，占地面积150公顷，是中国唯一位处海平面之下的植物园。在建园之前，这里曾是寸草不生的沙荒地，风沙危害严重，1972年，我国科研人员来此建立吐鲁番红旗治沙站，培育防护林进行防风固沙，并在此基础上广泛收集荒漠植物进行引种驯化，最终于1976年建立吐鲁番沙漠植物园。

园内现保存了荒漠植物800多种，其中荒漠珍稀特有植物43种、特有种21种、残遗种4种，基本涵盖了中亚荒漠植物区系主要成分类群。这些植物经过科研人员选育后，大部分会从植物园走向“治沙前线”，在严酷的自然环境中与流沙长伴；也有一些会作为“极端环境适应性”的实验对象，用来研究生命体在外太空的存活概率。或许，这里一棵小小的沙漠苔藓，会影响人类实现星球移居的未来。

对于公众来说，吐鲁番沙漠植物园中的体验也是独特、丰富的。这里有大面积的风蚀雅丹地貌、新月形的沙丘和平坦的流动沙地。在游客集中的南区，建有沙拐枣属专类园、柽柳属专类园、民族药用植物专类园、荒漠植物活体标本园等10个专类园，可以集中欣赏各类荒漠植物。比如明星植物沙拐枣，它的根系深达数米，枝条扭得很有“艺术感”，开花期花香宜人，果实也形态各异，观赏价值极高。还有看着完全不像柳树的多枝柽柳，能开出大型粉红色花絮，远远看去像一簇簇“荒漠玫瑰”。而看似“潦草”的梭梭，是沙漠中的英雄树，长着扭曲坚韧的树干，固守着沙漠的边缘。

吐鲁番沙漠植物园从无到有，从不毛之地到遍布各类植物，经历了近50年。这里的植物不争春夺夏，在极端的风吹日晒中绽放，它们以风沙为伴奏，谱写了属于自己的生命之歌。

开花期的多枝柽柳

参考文献

修美玲. 荒漠植物“大本营”——吐鲁番沙漠植物园[J]. 园林, 2018, (10).

游览路线（推荐）

南园

沙拐枣属专类园→柽柳属专类园→梭梭属植物荒漠群落景观亚区→民族草药圃→禾草园→神桑大道

世界海拔最高的植物园

香格里拉高山植物园

三江（金沙江、澜沧江、怒江）并流腹地之上，茶马古道穿山而过，这里北连喜马拉雅山东南麓，南接横断山区，是全球生物多样性热点地区之一，也是大家熟知的“人间天堂”——香格里拉所在地。而在距离市中心不到10千米的纳帕海北山上，还坐落着一座世界上海拔最高的植物园——香格里拉高山植物园。它占地67公顷，海拔高差3 200~3 600米，汇集了众多难得一见的珍稀植物，是中国第一个真正意义上的高山珍稀植物园。

高山、珍稀，这两个词准确概括了香格里拉高山植物园的特别之处。高山，意味着自然条件极端，高山地区生态系统相对敏感、脆弱，自我修复能力较差；珍稀，意味着虽然物种类型丰富，但很多植物是特有、极小种群、狭地分布，野外数量不多，一旦受到威胁，很可能濒危。千禧年后，随着全球气候变暖和人类活动增加，香格里拉地区的原生植物种群面临严峻考验。在这样的背景下，香格里拉高山植物园从1999年开始筹建，2005年对外开放，并将野生物种的引种、驯化和繁育作为工作重点。

游览路线 （推荐）

南门→野生蔷薇园→野生牡丹园→香雪药园→珍稀树木园→香料种植区→野生草甸区→高山松采种区→极小物种区→杓兰保护收集区→植物迷宫

从第一个保育物种——中甸角蒿开始，截至2024年，园内已就地保护高原高等植物620余种，迁地保护高原高等植物400余种，野生真菌120余种（同时还保育了100余种鸟类、100余种访花昆虫、11种两栖爬行类动物和20余种野生哺乳动物）。香格里拉高山植物园的保育水平可以达到什么程度呢？以香格里拉市花中甸刺玫为例，原本野外种群数量不足600株，经过植物园10年的技术培育，目前每年可繁育上万株小苗，实现了物种的大面积放归。

在香格里拉高山植物园内，我们可以看到野生草甸区、高山松采种区、香料种植区、杓兰保护收集区、珍稀树木园、香雪药园、野生牡丹园、野生蔷薇园等各种专类园区。植被类型从耐寒的苔藓、地衣，到高等植物冷杉、高山杜鹃，以及中甸山楂、云南杓兰、马先蒿、绿绒蒿、洋桔梗（俗称龙胆花）、豹子花、水母雪兔子等珍稀濒危物种、特有种和国家重点保护植物。每到春夏，植物园中花海与雪山相映成趣，甚至可以在5月看到大雪纷飞中郁金香盛开的胜景。

2010年，在香格里拉高山植物园成立10周年前夕，园长方震东曾为它写下一首长诗，诗的结尾这样写道：

我心爱的孩子啊
我愿你长寿
我的生命是有限的
你可以做到无限
只要你拥有爱你的人
和不让你受到伤害的人

愿植物顽强生长，夺目绽放，“高岭之花”在此存续，生生不息。

香格里拉高山植物园里的中甸刺玫

参考文献

* 谢滢.香格里拉高山植物园创始者方震东——为濒危植物建“方舟”[J]. 环境与生活, 2021, (09): 50-51.

* 姚一麟.香格里拉高山植物园[J]. 花木盆景. 花卉园艺, 2015, (07): 39-42.

经香格里拉高山植物园育种后野外回归到白马雪山的绿绒蒿

植物园的生态保护功能

Profile

作者 / 王新

中国科学院植物研究所博士，
国家植物园工程师，植物科普达人。

或许，你曾拥有过一个菜园，浇水除草施肥，体会过“禾黍茂兮蔬果肥”的快乐。

或许，你曾拥有过一个花园，呵护修剪造景，感受过“千朵万朵压枝低”的美好。

那么，你是否曾想过，如果即将拥有一个植物园，将如何去打造它？

思考这个问题前，还得知道什么是“植物园”。

那种植物种类足够多、面积足够大的菜园和花园，能算植物园吗？显然并不是。与一般的观赏性花园或者菜园相比，植物园的定义、功能与使命都要丰富得多。在一个建设得较为完善的植物园中，我们只需半天时间就能将微缩版的沼泽湿地、高山寒境、热带密林、崖壁生花和沙漠奇景尽收眼底。相比于大自然，植物园的地盘十分有限，却聚集了来自全球各地千奇百怪的植物，并将它们从科学与美学的角度进行布局规划，实现极高的生物多样性。可以说，植物园是以植物收集、科学研究、迁地保护、公众教育和植物资源可持续利用为主要目的，并可为群众提供游乐休憩的园地。除了少数植物园，如美国的长木花园、中国大连的英歌石植物园等为私人拥有，绝大部分植物园都归科研机构、高校或政府管理。那么，功能与使命如此丰富的植物园都是如何被打造的呢？

守护珍稀：植物园与濒危物种的不解之缘

全球一共有超过35万种植物，其中我国拥有485科、4 325属、39 202种植物[1]，是生物多样性大国之一。然而，在人类活动、生物入侵、气候变化及物种自身特性等多重因素的影响下，植物多样性正在以惊人的速度下降。不同的类群，受到的威胁程度也存在差异。世界自然保护联盟濒危物种红色名录（IUCN红色名录）根据物种受威胁程度，将其划分为绝灭（EX）、野外绝灭（EW）、地区绝灭（RE）、极危（CR）、濒危（EN）、易危（VU）、近危（NT）、无危（LC）和数据缺乏（DD）等9个濒危等级，其中，极危、濒危和易危统称受威胁等级。《中国生物多样性红色名录》评估结果显示，我国有多达4 088种高等植物面临威胁，受威胁比例为10.39%[2]，这些物种无疑需要我们优先采取保护策略。

1　中国科学院生物多样性委员会．中国生物物种名录2024版．2024-05-24.

2　生态环境部．中国生物多样性保护战略与行动计划（2023—2030年）．2024-01-18.

对于活植物来说，最有效直接的保护方法当然是“画个圈圈”就地保护（In-situ），但受气候变化和人类活动等影响，许多物种在原生地已经无法完成繁衍生息的过程，甚至无法生存了，此时便需要“挖个坑坑”将其进行迁地保护（Ex-situ）。这些坑坑挖在哪儿最合适？——植物园便成了实施迁地保护最重要的“急救中心”之一。全世界现有植物园和树木园 2 000 多个，收集保存了约 10 万种高等植物，其中濒危植物约 1.5 万种。[1]

1 黄宏文. 中国植物园[M]. 北京：中国林业出版社，2018.

生物的就地保护与迁地保护举例

就地保护（In-situ）	迁地保护（Ex-situ）
自然保护区 Nature Reserves	植物园 Botanic Gardens
国家公园 National Parks	种子银行 Seed Banks
海洋公园 Marine Parks	繁育中心 / 动物园 Captive Breeding / Zoos

目前，我国拥有植物园约 200 个，在珍稀濒危物种的种群恢复、科学研究及资源利用方面取得了重要的成果。比如在北京的西郊，不仅有香山红叶，还坐落着国家植物园。国家植物园南园专门设立了一个“珍稀濒危植物区”，经过植物学家数十年的引种和栽培，秤锤树、领春木、连香树、夏蜡梅、鹅掌楸、瘿椒树等 70 多种我国特有或珍稀濒危的野生植物得以在这里茁壮生长。国家植物园北园宿根园种了一棵神奇的树，每年春天都会吸引翩翩起舞的“鸽子”前来落脚，其实，这是我国特有的国家一级保护植物珙桐正在开花，国家植物园将其从西南成功引种至北京，也使得它成为我国分布最北的一株珙桐。在中国的西南边陲，分布着我国唯一的热带雨林，被称为“雨林巨人”的国家一级保护濒危植物——望天树，是这里最具标志性的树种之一。中国科学院西双版纳热带植物园自 1975 年发现望天树之后，就对这种生存受威胁的树种开展了就地保护，并加以人工抚育和迁地保护，帮助了望天树的种群更新和种群数量的提高。“植物界的大熊猫”华盖木是目前世界上保存数量最少且最古老的木兰科珍稀濒危植物，野外的华盖木几乎失去了自我繁殖的能力，只能通过人工引种再回归的方式进行保护，为此，华南国家植物园、昆明植物园等单位参与完成了华盖木的采种、选种、培育、试验、栽培的回归之旅。

植物园对于珍稀濒危物种的保护作用，很多时候是跨越时间与地域的。比如在苏格兰的爱丁堡皇家植物园收集保存的 1 300 多种珍稀濒危活植物中，很大一部分来自中国。其原因是 19—20 世纪，以乔治·福雷斯特（George Forrest）为代表的一批植物猎人先后多次在中国进行植物采集（尤其是云南地区的杜鹃花属植物）。从历史层面看，植物猎人的身份带有掠夺者和买卖者的负面色彩，从科学研究维度看，其行为结果又对全球生物多样性具有正面意义。正是得益于爱丁堡皇家植物园几十年的保育，枯鲁杜鹃等在中国野外处于濒临或已经灭绝状态的杜鹃花种类，后续得以回归至我国华西亚高山植物园和贵州省植物园，经苗圃培育和山林回归，实现了杜鹃花在我国野外群体的保护和恢复。

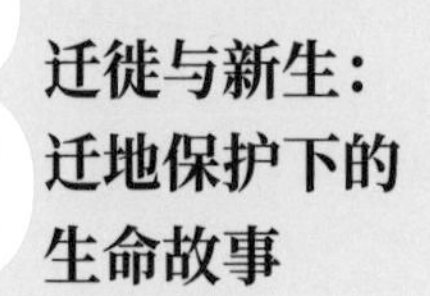

迁徙与新生：迁地保护下的生命故事

大自然中，万物生灵共同演绎着一幕幕引人入胜的生命故事，这些故事既受到物竞天择法则的制约，也展现了生物间相互依存的和谐画面。一方面，在一种植物因人为破坏或气候变化而陷入急需迁地保护的困境时，情况往往比我们想象的要复杂得多，与它伴生的其他植物可能面临同样的危机，而以它为食的动物也难以幸免。另一方面，迁地保护作为就地保护的重要补充，对于万物生灵应对气候变化、栖息地丧失等威胁具有重要意义。通过人工管护，这些生存和繁衍受威胁的植物的种群数量得以逐渐恢复，同时促进了整个小生态环境的复苏。毕竟，在人类和动物赖以生存的家园中，植物扮演着不可或缺的角色。植物园与动物，以及动物园与植物，必定是紧密联系的。

游客前往植物园，绝非仅仅为了观赏植物。以国家植物园的建设为例，得益于栖息地的恢复，曾被认为是“西山怪兽”的国家二级重点保护野生动物中华斑羚，时隔近百年重新现身。市民不用远离城市即可近距离观赏蒙古兔、黄鼬、刺猬等小动物在大自然中的生活状态。此外，国家植物园的鸟类也极为丰富，目前已记录超过 200 种，其中包括鸳鸯、小䴙䴘、绿头鸭、灰林鸮等备受瞩目的明星鸟类，市民的文明观鸟行为，也保障了其栖息环境的安全和谐。昆虫，作为生态系统中不可或缺的一环，其在国家植物园内的种类已超过 1 500 种，生机勃勃的植物园无疑是它们名副其实的伊甸园。

同样地，游客前往动物园，也绝非仅仅为了观赏动物。采用大量健康茁壮的植物与动物伴生，与使用塑料仿制的假植物作为背景，所营造出的是两种截然不同的动物栖息环境，游客所欣赏到的景观效果也有着天壤之别。成都大熊猫繁育研究基地在这方面可谓下足了功夫，工作人员在大熊猫的生活区域精心打造了一个植物迁地保护区，种植了珍稀植物珙桐、低山平坝竹，以及岷江杜鹃、四川杜鹃、马缨杜鹃等各类高山杜鹃，尽可能地模拟大熊猫的自然生境。这不仅让国宝们生活得更加惬意、吃得更加满足，也为这些珍稀野生植物提供了宝贵的栖息地，实现了一举两得的效果。再如肯尼亚的内罗毕国家公园，这里不仅是非洲大陆重要的植物迁地保护中心，还为超过 100 种野生哺乳动物和 400 多种鸟类提供了宝贵的栖息地。

植物园的迁地保护，迁徙的是植物，新生的是万物。

C 种质宝藏：植物园的基因宝库

世界上不会有两片相同的树叶，在生命的宏伟诗篇中，DNA 用 4 种碱基编织出无尽的遗传密码，它们的排列组合，让每一个生命体都拥有其独特的遗传蓝图，也造就了丰富多彩的基因宝库。生物多样性是新品种育种的基础，对维护全球食物安全，以及促进医药、农林业等领域可持续发展具有重要意义。因此，植物迁地保护最主要的目的是保护物种的遗传多样性，这不仅仅是在植物园挖个坑，把植物从野外移栽回来，再收收种子那么简单，这种方法只能保护一个物种的少数个体。因此，除了对活植物进行人工栽培养护，植物迁地保护还包括种质资源库种质（种子、花粉、营养繁殖体、DNA 材料等）保存和基于组织培养技术的植物离体保存等多项内容。[1]

早在 2010 年，全球便已有 1 750 个基因库，保存了超过 700 万的植物种质资源[2]，许多国家的

1 孙卫邦．关于我国植物迁地保护的思考 [J]. 广西植物，2024 (04).

2 Food and Agriculture Organization of the United Nations. The Second Report on the State of the World's Plant Genetic Resources for Food and Agriculture[M]. FAO, 2010.

植物园也建立了野生植物种子库，以高效地收集和保存植物资源。例如，我国在昆明植物园内建立了中国西南野生生物种质资源库，截至2023年底，该库已保存11 602种94 596份野生植物的种子，以及2 246种野生植物的离体培养材料27 230份，还有9 145种植物的总DNA共71 829份。国家植物园南园从20世纪50年代开始建设种子库，目前库存240余科20 000余种植物的种子83 000余份，不仅满足了植物引种的需求，还为39个国家近300个植物园及相关科研单位提供了种质资源服务与种质交流合作。此外，国家作物种质库、国家林木种质资源库等国家级资源库的建立运行及国际合作也为全球粮食安全、种质资源保护奠定了重要基础。

但是，千万不要以为一股脑儿地把所有植物的种子收集起来便可高枕无忧。正如食品存在"保质期"，种子和活体植株同样存在"半衰期"。虽然种质资源库通常能提供低温低湿的环境，但种子经过长时间保存后，仍然无法避免生活力的丧失、老化以及有害突变的积累，并且不同物种的表现也有所差异。[1]这种现象在引种的活植物上更为明显，实际上，植物园中绝大多数登录植物的寿命都很短，根据英国皇家植物园的数据，引种植物的半衰期在初期仅约为4.5年，随着健壮和长寿命植物的留存，衰退速度才逐渐减缓。因此，对于活植物和种质资源而言，数据信息的登录、定期检查以及持续的引种工作，都是实现迁地保护可持续发展不可或缺的重要环节。

1 Fu YB, Peterson GW, Horbach C. Deleterious and Adaptive Mutations in Plant Germplasm Conserved Ex Situ[J]. Molecular Biology and Evolution, 2023, 40(12).

D 知识萌芽：植物园的科普使命

飞速发展的科技让生活更便利，但与之相伴的是拔地而起的高楼代替了原野，大自然俨然成为奢侈品。信息时代，人们虽然可以在家中看遍地球上的奇花异草，但也可能因AI（人工智能）技术的混入而难辨真假。

植物园作为连接自然与人类的桥梁，为公众提供了一个亲近自然、探索科学奥秘的平台。在这里，人们可以暂别城市与电子产品的喧嚣，沉浸在鸟语花香之中，也可以变成好奇宝宝——"这个能吃吗？好吃吗？""王莲叶子能够托起我吗？""食虫植物不吃虫子会死吗？""为啥吃完神秘果再吃柠檬，会觉得柠檬变甜了？""植物如何进化为今天的模样？"……植物园可以激发公众的好奇心和探索欲，也具备回答这些问题得天独厚的优势，它肩负着向公众开展自然科学普及的使命，让人们在轻松愉快的氛围中增长知识，并对自然产生敬畏和爱护之心。

植物园科学普及的方式十分多元化，包括旅游导览与科普讲解、展览活动、文创设计、手工活动、新媒体平台科普与宣传、研学活动等。为了让公众感觉好玩、有意思，很多植物园都在积极开发有趣的体验项目。比如在中国科学院西双版纳热带植物园、上海辰山植物园、中国科学院武汉植物园等多个植物园，每年夏天会举办"坐王莲"活动，配套王莲叶子解剖课程与科普讲解，立刻就能让人们知道王莲这个"托举大力士"背后的秘密。再如，专业硬件设施的构建也是科普成效的保障：日本京都府立植物园中有一个名为昼夜反转室的特殊温室，这个温室的时间被巧妙地调整，与实际时间有着大约8小时的时差。游客在下午3点步入昼夜反转室，会发现里面是晚上11点的景象——玉蕊、夜来香等只会在夜间盛开的花卉正在绽放，甚至可以看到传粉昆虫正在忙碌的身影。这样的科普方式，无须过多的讲解和互动，一些平日不易观察且难以言表的自然现象便由植物本身直观生动地展现在人们面前，令人难以忘怀。

城市一角的植物园，宁静又低调，或许和星罗棋布的名胜古迹或繁华商圈比起来，它并不是大多数人制订游玩计划的首选项，但它却默默地在濒危物种保育、迁地保护、种质资源库建设及科普教育等方面做出了许多贡献，成为维护地球生物多样性、促进可持续发展的重要力量。与此同时，面对生物栖息地的破坏和物种多样性的丧失，植物园仍有很多工作要做。看到这里的你，或许可以再次思考这个问题：如果即将拥有一个植物园，你将如何去打造它？

参考文献

*廖景平. 多样性之河：植物园活体收藏的使用和管理视角[EB/OL]. 科学网博客, 2024. https://blog.sciencenet.cn/blog-38998-1426463.html.

*刘光裕. "以游客为中心"在植物园建设中也很重要[EB/OL]. 版纳君公众号, 2023. https://mp.weixin.qq.com/s/stnE.NySHAQf-fur42NB51W.

30种受到迁地保护的本土植物 <特别精选>

物种	保护等级	濒危等级	所在植物园（代表性）
华盖木 *Pachylarnax sinica*	一级	CR	华南国家植物园
天目铁木 *Ostrya rehderiana*	一级	CR	昆明植物园
普陀鹅耳枥 *Carpinus putoensis*	一级	CR	上海辰山植物园
峨眉拟单性木兰 *Parakmeria omeiensis*	一级	CR	成都市植物园
水杉 *Metasequoia glyptostroboides*	一级	EN	国家植物园 上海植物园
银杉 *Cathaya argyrophylla*	一级	EN	湖南省植物园 昆明植物园
望天树 *Parashorea chinensis*	一级	EN	中国科学院西双版纳热带植物园 成都市植物园
德保苏铁 *Cycas debaoensis*	一级	EN	成都市植物园
中华水韭 *Isoetes sinensis*	一级	EN	中国科学院武汉植物园 南京中山植物园
崖柏 *Thuja sutchuenensis*	一级	EN	国家植物园 成都市植物园
银缕梅 *Parrotia subaequalis*	一级	VU	上海植物园 南京中山植物园
坡垒 *Hopea hainanensis*	一级	NT	兴隆热带植物园 中国科学院西双版纳热带植物园
南方红豆杉 *Taxus mairei*	一级	NT	南京中山植物园
珙桐（原变种） *Davidia involucrata* var. *involucrata*	一级	LC	国家植物园 贵州省植物园 陕西省西安植物园
金花茶（原变种） *Camellia petelotii* var. *petelotii*	二级	CR	广西壮族自治区药用植物园 广西壮族自治区南宁树木园
漾濞槭 *Acer yangbiense*	二级	CR	昆明植物园
南川木波罗 *Artocarpus nanchuanensis*	二级	CR	重庆南山植物园
秤锤树（原变种） *Sinojackia xylocarpa* var. *xylocarpa*	二级	EN	国家植物园 南京中山植物园
虎颜花 *Tigridiopalma magnifica*	二级	EN	华南国家植物园 昆明植物园
中甸刺玫 *Rosa praelucens*	二级	EN	香格里拉高山植物园
金钱松 *Pseudolarix amabilis*	二级	VU	国家植物园 南京中山植物园
七子花 *Heptacodium miconioides*	二级	VU	浙江大学植物园 上海植物园 南京中山植物园
五小叶槭 *Acer pentaphyllum*	二级	VU	成都市植物园
井冈山杜鹃 *Rhododendron jingangshanicum*	二级	VU	庐山植物园
伯乐树 *Bretschneidera sinensis*	二级	NT	上海植物园
肉苁蓉 *Cistanche deserticola*	二级	NT	中国科学院吐鲁番沙漠植物园
夏蜡梅 *Calycanthus chinensis*	二级	LC	国家植物园 南京中山植物园
鹅掌楸 *Liriodendron chinense*	二级	LC	兰州植物园 国家植物园
枯鲁杜鹃 *Rhododendron adenosum*	无	CR	庐山植物园 中国科学院植物研究所华西亚高山植物园
距瓣尾囊草 *Urophysa rockii*	无	VU	成都市植物园

保护等级

依据2021年公布的《国家重点保护野生植物名录》

濒危等级

依据《中国生物多样性红色名录——高等植物卷（2020）》，按受威胁程度划分为9个濒危等级——

- EX 绝灭
- EW 野外绝灭
- RE 地区绝灭
- CR 极危
- EN 濒危
- VU 易危
- NT 近危
- LC 无危
- DD 数据缺乏

植物标本

藏起来的时光档案

在植物园中，除了那些繁茂生长的植物，还有一些被永远定格的“植物化石”——植物标本。它们就像植物的身份证，要经历野外采集、鉴定、制作和入库保存的完整过程。这些标本不仅是研究植物多样性和生态习性的珍贵资料，还如同时间的胶囊，珍藏着一个个关于生命与自然的故事。

资料支持：

中国数字植物标本馆

中国科学院植物研究所标本馆（PE）

中国科学院华南植物园标本馆（IBSC）

上海辰山植物标本馆（CSH）

中国科学院西双版纳热带植物园标本馆（HITBC）

编辑 / 徐晨阳

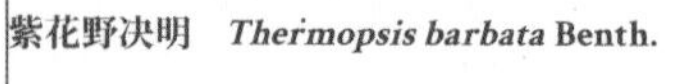

紫花野决明 ***Thermopsis barbata*** **Benth.**

▷ 豆目 Fabales ▷ 豆科 Fabaceae(Leguminosae) ▷ 野决明属 *Thermopsis*

采集时间：2018/06/16　　采 集 地：中国·西藏自治区
馆藏条码：02333792　　中国科学院植物研究所标本馆（PE）

腺果大叶蔷薇 ***Rosa macrophylla*** **var.** ***glandulifera*** **T. T. Yu & T. C. Ku**

▷ 蔷薇目 Rosales ▷ 蔷薇科 Rosaceae ▷ 蔷薇属 *Rosa*

采集时间：2017/09/10　　采 集 地：中国·西藏自治区
馆藏条码：02309850　　中国科学院植物研究所标本馆（PE）

康藏花楸 ***Sorbus thibetica*** **(Cardot) Hand.-Mazz.**

▷ 蔷薇目 Rosales ▷ 蔷薇科 Rosaceae ▷ 花楸属 *Sorbus*

采集时间：2017/09/11　　采 集 地：中国·西藏自治区
馆藏条码：02309724　　中国科学院植物研究所标本馆（PE）

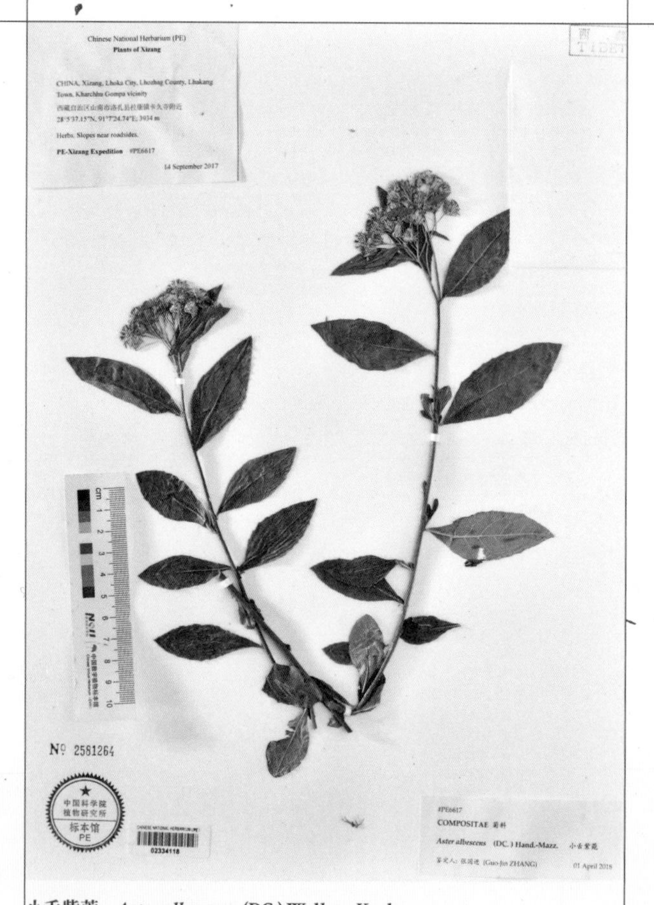

小舌紫菀 ***Aster albescens*** **(DC.) Wall. ex Koehne**

▷ 菊目 Asterales ▷ 菊科 Asteraceae(Compositae) ▷ 紫菀属 *Aster*

采集时间：2017/09/14　　采 集 地：中国·西藏自治区
馆藏条码：02334118　　中国科学院植物研究所标本馆（PE）

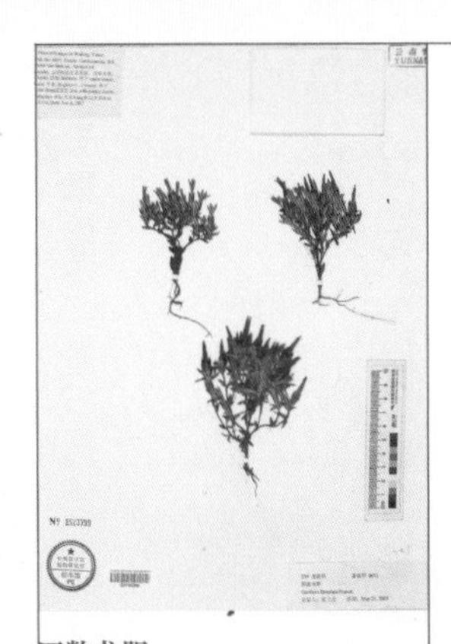

四数龙胆
Gentiana lineolata Franch.

▷ 龙胆目 Gentianales
▷ 龙胆科 Gentianaceae
▷ 龙胆属 *Gentiana*

采集时间：2002/11/06
采 集 地：中国·云南省
馆藏条码：02110380
中国科学院植物研究所标本馆（PE）

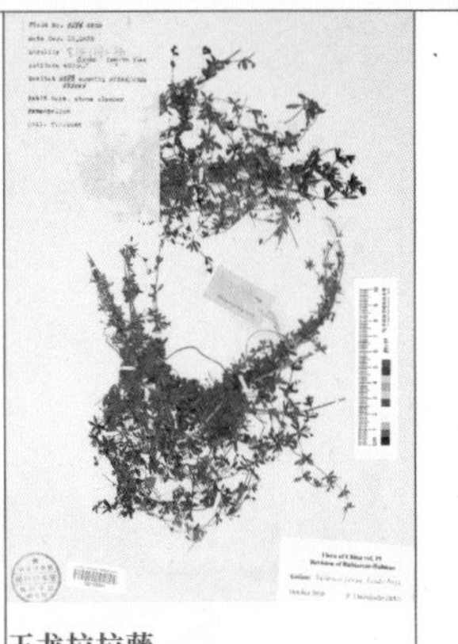

玉龙拉拉藤
Galium baldensiforme Hand. -Mazz.

▷ 龙胆目 Gentianales
▷ 茜草科 Rubiaceae
▷ 拉拉藤属 *Galium*

采集时间：1936/09/15
采 集 地：中国·青海省
馆藏条码：02113331
中国科学院植物研究所标本馆（PE）

黄毛头
Kalidium cuspidatum var. *sinicum* A. J. Li

▷ 石竹目 Caryophyllales
▷ 苋科 Amaranthaceae
▷ 盐爪爪属 *Kalidium*

采集时间：1988/09/01
采 集 地：中国·新疆维吾尔自治区
馆藏条码：01352268
中国科学院植物研究所标本馆（PE）

银杏
Ginkgo biloba L.

▷ 银杏目 Ginkgoales
▷ 银杏科 Ginkgoaceae
▷ 银杏属 *Ginkgo*

采集时间：1950
采 集 地：中国·湖南省
馆藏条码：00002023
中国科学院植物研究所标本馆（PE）

普陀鹅耳枥
Carpinus putoensis W. C. Cheng

▷ 壳斗目 Fagales
▷ 桦木科 Betulaceae
▷ 鹅耳枥属 *Carpinus*

采集时间：1930/05/15
采 集 地：中国·浙江省
馆藏条码：00021950
中国科学院植物研究所标本馆（PE）

水杉
Metasequoia glyptostroboides Hu & W. C. Cheng

▷ 柏目 Cupressales
▷ 柏科 Cupressaceae
▷ 水杉属 *Metasequoia*

采集时间：1980/10/09
采 集 地：中国·北京市
馆藏条码：02086937
中国科学院植物研究所标本馆（PE）

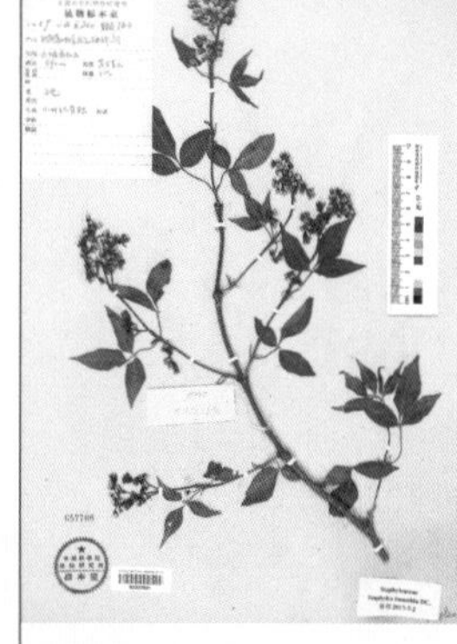

省沽油
Staphylea bumalda DC.

▷ 缨子木目 Crossosomatales
▷ 省沽油科 Staphyleaceae
▷ 省沽油属 *Staphylea*

采集时间：1959/04/20
采 集 地：中国·河南省
馆藏条码：02227821
中国科学院植物研究所标本馆（PE）

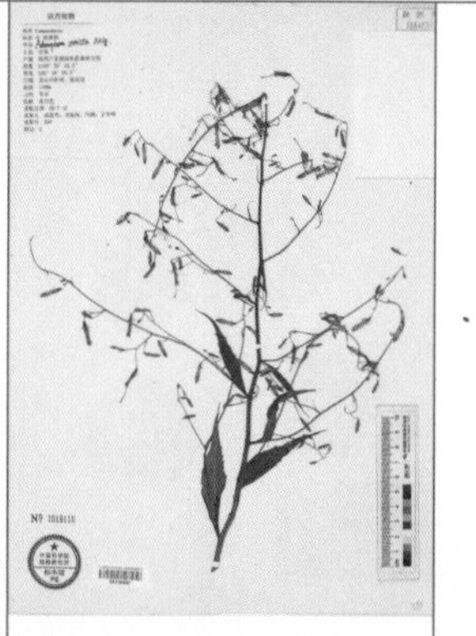

沙参
Adenophora stricta Miq.

▷ 菊目 Asterales
▷ 桔梗科 Campanulaceae
▷ 沙参属 *Adenophora*

采集时间：2005/07/12
采 集 地：中国·陕西省
馆藏条码：02110420
中国科学院植物研究所标本馆（PE）

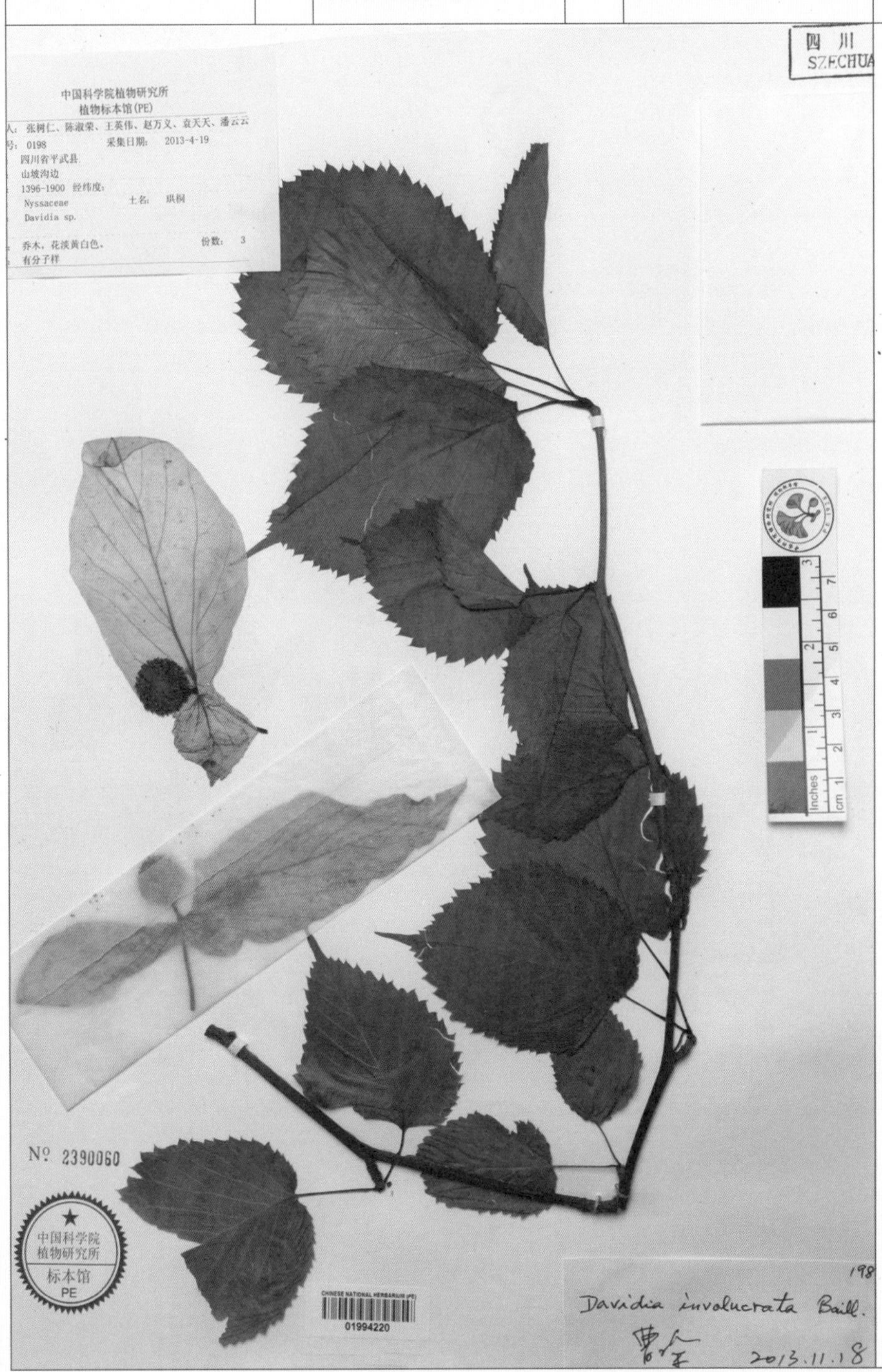

荞麦叶大百合
Cardiocrinum cathayanum (E. H. Wilson) Stearn

▷ 百合目 Liliales
▷ 百合科 Liliaceae
▷ 大百合属 *Cardiocrinum*

采集时间：2014/07/12
采 集 地：中国·浙江省
馆藏条码：CSH0017757
上海辰山植物标本馆（CSH）

朱砂藤
Cynanchum officinale (Hemsl.) Tsiang & H. D. Zhang

▷ 龙胆目 Gentianales
▷ 夹竹桃科 Apocynaceae
▷ 鹅绒藤属 *Cynanchum*

采集时间：2016/07/19
采 集 地：韩国
馆藏条码：02110354
中国科学院植物研究所标本馆（PE）

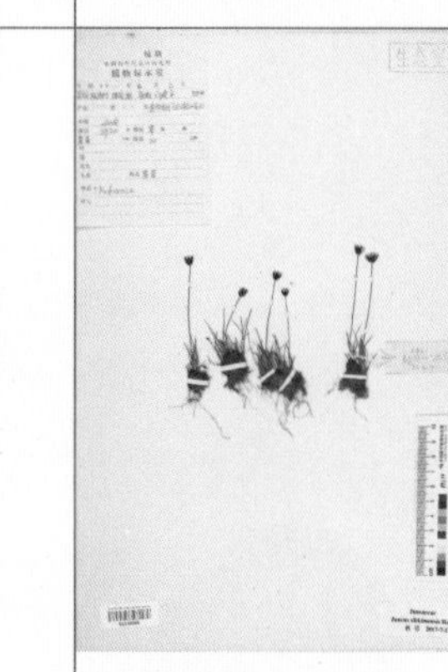

锡金灯芯草
Juncus sikkimensis Hook. f.

▷ 禾本目 Poales
▷ 灯芯草科 Juncaceae
▷ 灯芯草属 *Juncus*

采集时间：1984/06/02
采 集 地：中国·四川省
馆藏条码：02236985
中国科学院植物研究所标本馆（PE）

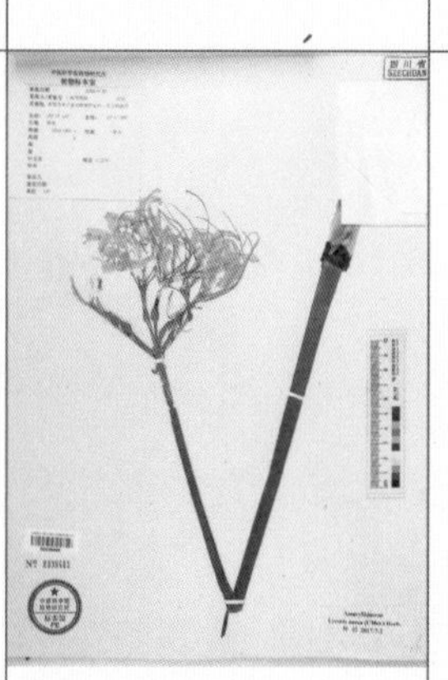

忽地笑
Lycoris aurea (L'Hér.) Herb.

▷ 天门冬目 Asparagales
▷ 石蒜科 Amaryllidaceae
▷ 石蒜属 *Lycoris*

采集时间：2009/08/28
采 集 地：中国·重庆市
馆藏条码：02239456
中国科学院植物研究所标本馆（PE）

金莲花
Trollius chinensis Bunge

▷ 毛茛目 Ranunculales
▷ 毛茛科 Ranunculaceae
▷ 金莲花属 *Trollius*

采集时间：2018/06/27
采 集 地：中国·内蒙古自治区
馆藏条码：02246253
中国科学院植物研究所标本馆（PE）

◀
珙桐
Davidia involucrata Baill.

▷ 山茱萸目 Cornales
▷ 蓝果树科 Nyssaceae
▷ 珙桐属 *Davidia*

采集时间：2013/04/19
采 集 地：中国·四川省
馆藏条码：01994220
中国科学院植物研究所标本馆（PE）

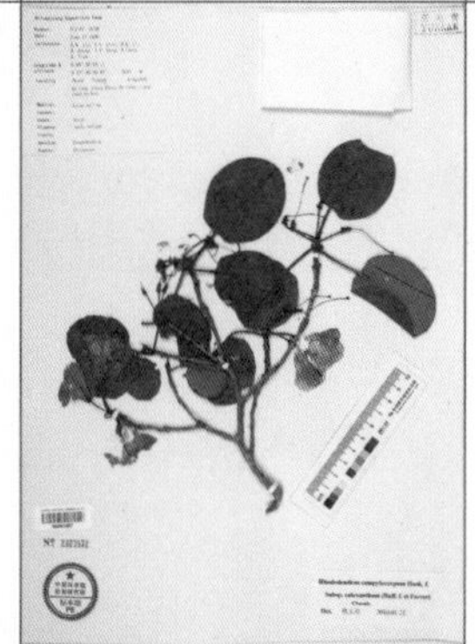

弯果杜鹃
Rhododendron campylocarpum Hook. f.

▷ 杜鹃花目 Ericales
▷ 杜鹃花科 Ericaceae
▷ 杜鹃花属 *Rhododendron*

采集时间：2008/06/23
采 集 地：中国·云南省
馆藏条码：02241307
中国科学院植物研究所标本馆（PE）

二色补血草
Limonium bicolor (Bunge) Kuntze

▷ 石竹目 Caryophyllales
▷ 白花丹科 Plumbaginaceae
▷ 补血草属 *Limonium*

采集时间：2018/07/05
采 集 地：中国·内蒙古自治区
馆藏条码：02246146
中国科学院植物研究所标本馆（PE）

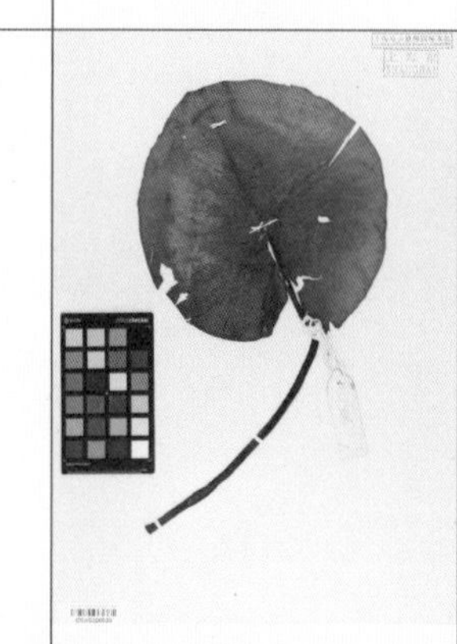

睡莲
Nymphaea tetragona Georgi

▷ 睡莲目 Nymphaeales
▷ 睡莲科 Nymphaeaceae
▷ 睡莲属 *Nymphaea*

采集时间：2011/05/14
采 集 地：中国·上海市
馆藏条码：CSH0056639
上海辰山植物标本馆（CSH）

宽叶匙羹藤
Gymnema latifolium Wall. ex Wight

▷ 龙胆目 Gentianales
▷ 夹竹桃科 Apocynaceae
▷ 匙羹藤属 *Gymnema*

采集时间：1936/11
采 集 地：中国·云南省
馆藏条码：02110456
中国科学院植物研究所标本馆（PE）

绣球
Hydrangea macrophylla (Thunb.) Ser.

▷ 山茱萸目 Cornales
▷ 绣球科 Hydrangeaceae
▷ 绣球属 *Hydrangea*

采集时间：2015/05/28
采集地：中国·福建省
馆藏条码：CSH0089982
上海辰山植物标本馆（CSH）

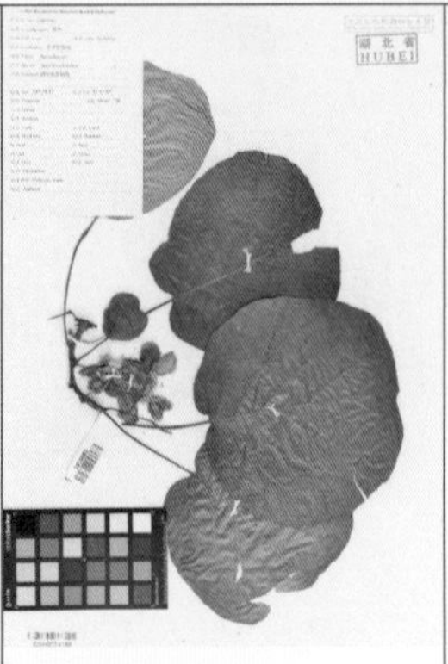

中华猕猴桃
Actinidia chinensis Planch.

▷ 杜鹃花目 Ericales
▷ 猕猴桃科 Actinidiaceae
▷ 猕猴桃属 *Actinidia*

集时间：2015/05/20
采集地：中国·湖北省
馆藏条码：CSH0074168
上海辰山植物标本馆（CSH）

毛葡萄
Vitis heyneana Roem. & Schult.

▷ 葡萄目 Vitales
▷ 葡萄科 Vitaceae
▷ 葡萄属 *Vitis*

采集时间：2018/06/25
采 集 地：中国·西藏自治区
馆藏条码：02332553
中国科学院植物研究所标本馆（PE）

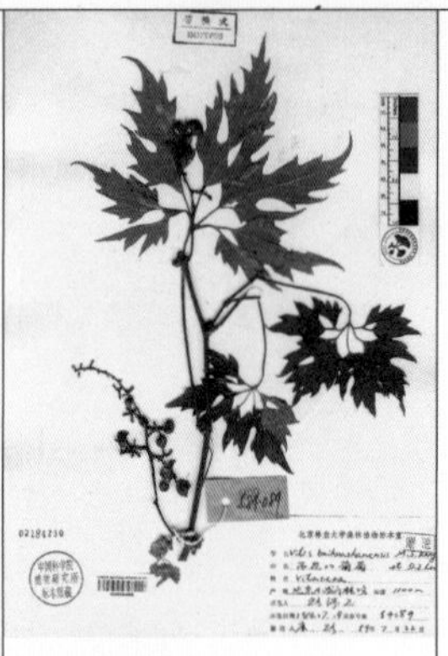

百花山葡萄
Vitis baihuashanensis M. S. Kang & D. Z. Lu

▷ 葡萄目 Vitales
▷ 葡萄科 Vitaceae
▷ 葡萄属 *Vitis*

采集时间：1984/07/19
采 集 地：中国·北京市
馆藏条码：00935468
中国科学院植物研究所标本馆（PE）

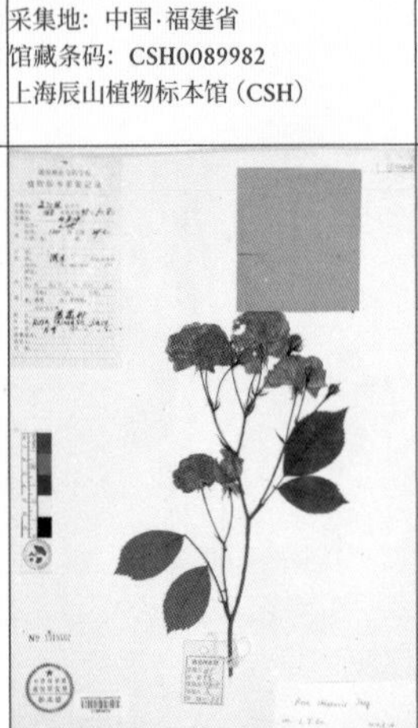

月季花
Rosa chinensis Jacq.

▷ 蔷薇目 Rosales
▷ 蔷薇科 Rosaceae
▷ 蔷薇属 *Rosa*

采集时间：1995/05/08
采 集 地：中国·湖南省
馆藏条码：01863579
中国科学院植物研究所标本馆（PE）

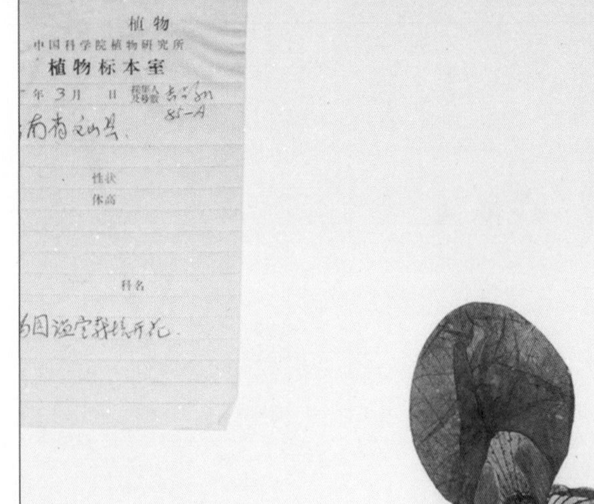

硬叶兜兰
Paphiopedilum micranthum Tang & F. T. Wang

▷ 天门冬目 Asparagales
▷ 兰科 Orchidaceae
▷ 兜兰属 *Paphiopedilum*

采集时间：1985/03
采 集 地：中国·云南省
馆藏条码：01517120
中国科学院植物研究所标本馆（PE）

红豆杉 *Taxus wallichiana* var. *chinensis* (Pilg.) Florin

▷ 柏目 Cupressales ▷ 红豆杉科 Taxaceae ▷ 红豆杉属 *Taxus*

采集时间：2013/10/04 采 集 地：中国·湖南省
馆藏条码：CSH0100570 上海辰山植物标本馆（CSH）

蓝翠雀花 *Delphinium caeruleum* Jacq. ex Cambess.

▷ 毛茛目 Ranunculales ▷ 毛茛科 Ranunculaceae ▷ 翠雀属 *Delphinium*

采集时间：2017/09/01 采 集 地：中国·西藏自治区
馆藏条码：02309353 中国科学院植物研究所标本馆（PE）

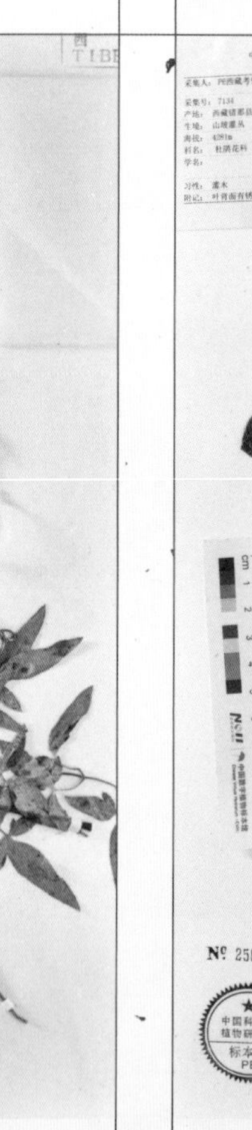

厚叶中印铁线莲 *Clematis tibetana* var. *vernayi* (C. E. C. Fisch.) W. T. Wang

▷ 毛茛目 Ranunculales ▷ 毛茛科 Ranunculaceae ▷ 铁线莲属 *Clematis*

采集时间：2017/08/26 采 集 地：中国·西藏自治区
馆藏条码：02309374 中国科学院植物研究所标本馆（PE）

白钟杜鹃 *Rhododendron tsariense* Cowan

▷ 杜鹃花目 Ericales ▷ 杜鹃花科 Ericaceae ▷ 杜鹃花属 *Rhododendron*

采集时间：2018/06/10 采 集 地：中国·西藏自治区
馆藏条码：02333721 中国科学院植物研究所标本馆（PE）

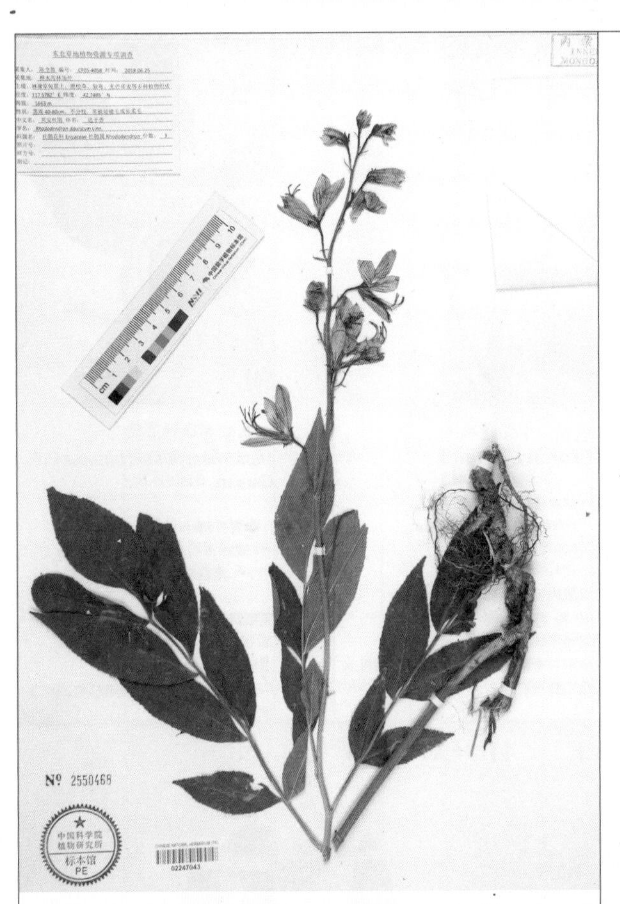

兴安杜鹃 *Rhododendron dauricum* L.

▷杜鹃花目 Ericales ▷杜鹃花科 Ericaceae ▷杜鹃花属 *Rhododendron*

采集时间：2018/06/25 采 集 地：中国·内蒙古自治区
馆藏条码：02247043 中国科学院植物研究所标本馆（PE）

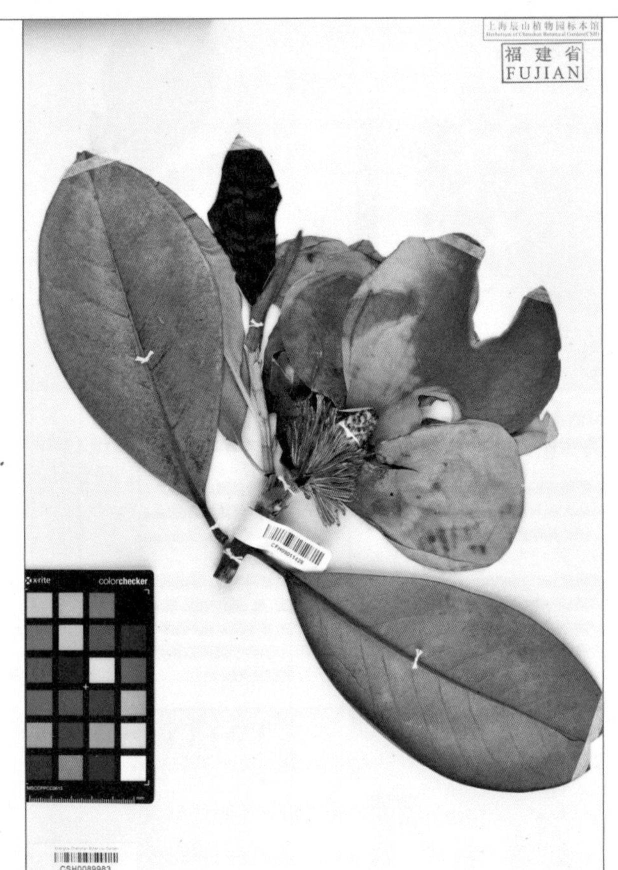

荷花木兰 *Magnolia grandiflora* L.

▷木兰目 Magnoliales ▷木兰科 Magnoliaceae ▷北美木兰属 *Magnolia*

采集时间：2015/05/28 采 集 地：中国·福建省
馆藏条码：CSH0089983 上海辰山植物标本馆（CSH）

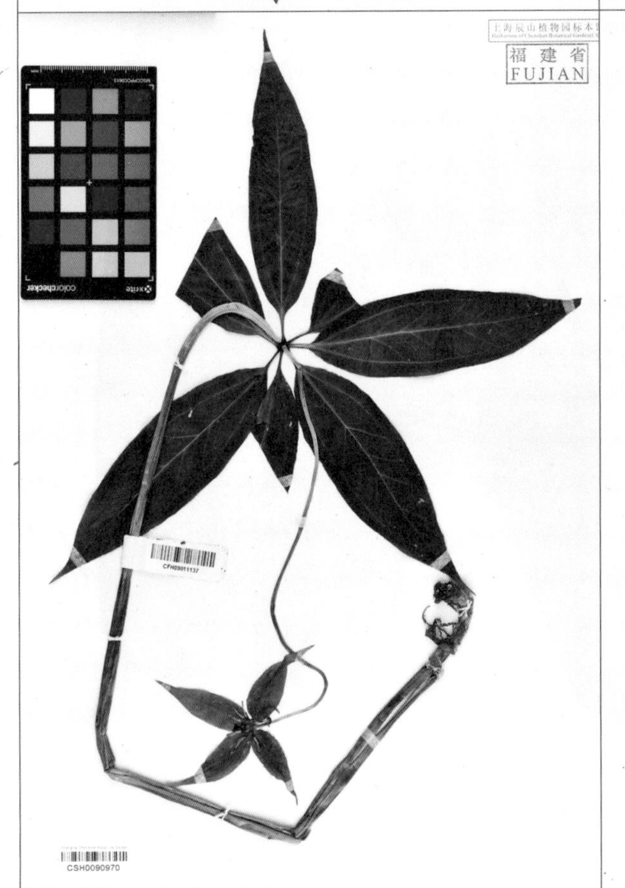

七叶一枝花 *Paris polyphylla* Sm.

▷百合目 Liliales ▷藜芦科 Melanthiaceae ▷重楼属 *Paris*

采集时间：2015/04/26 采 集 地：中国·福建省
馆藏条码：CSH0090970 上海辰山植物标本馆（CSH）

铁力木 *Mesua ferrea* L.

▷金虎尾目 Malpighiales ▷红厚壳科 Calophyllaceae ▷铁力木属 *Mesua*

采集时间：2012/07/05 采 集 地：中国·云南省
馆藏条码：HITBC0029981 中国科学院西双版纳热带植物园标本馆（HITBC）

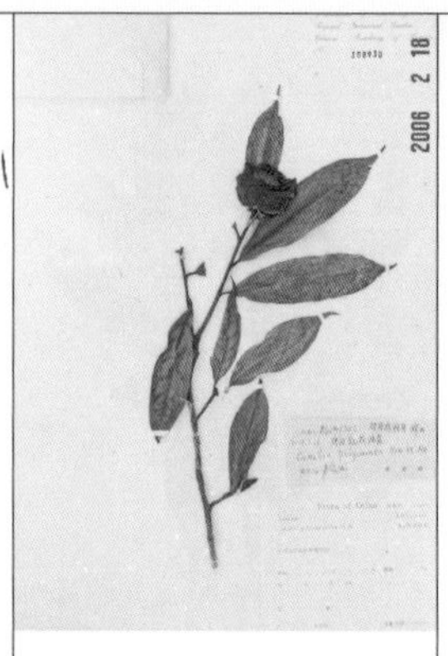

多齿红山茶
Camellia polyodonta How ex Hu

▷ 杜鹃花目 Ericales
▷ 山茶科 Theaceae
▷ 山茶属 *Camellia*

采集时间：2005/03/20
采 集 地：中国·云南省
馆藏条码：108930
中国科学院西双版纳热带植物园标本馆（HITBC）

白头马蓝
Strobilanthes esquirolii H. Lév.

▷ 唇形目 Lamiales
▷ 爵床科 Acanthaceae
▷ 马蓝属 *Strobilanthes*

采集时间：2005/01/10
采 集 地：中国·云南省
馆藏条码：109028
中国科学院西双版纳热带植物园标本馆（HITBC）

裂叶秋海棠
Begonia palmata D. Don

▷ 葫芦目 Cucurbitales
▷ 秋海棠科 Begoniaceae
▷ 秋海棠属 *Begonia*

采集时间：2004/09/01
采 集 地：中国·云南省
馆藏条码：109487
中国科学院西双版纳热带植物园标本馆（HITBC）

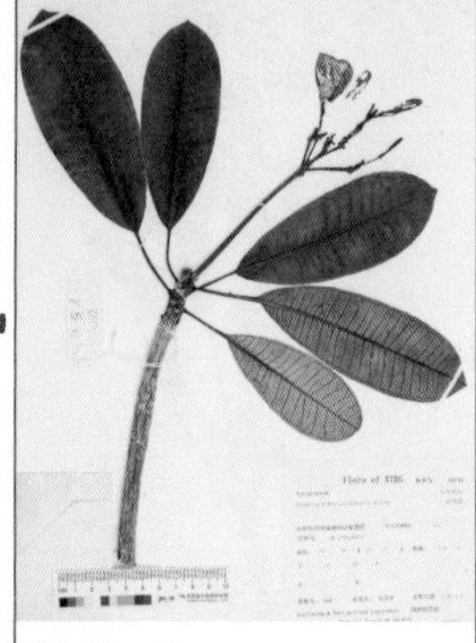

鸡蛋花
Plumeria rubra L.

▷ 龙胆目 Gentianales
▷ 夹竹桃科 Apocynaceae
▷ 鸡蛋花属 *Plumeria*

采集时间：2006/05/08
采 集 地：中国·云南省
馆藏条码：0022536
中国科学院西双版纳热带植物园标本馆（HITBC）

栀子
Gardenia jasminoides J. Ellis

▷ 龙胆目 Gentianales
▷ 茜草科 Rubiaceae
▷ 栀子属 *Gardenia*

采集时间：2015/05/24
采 集 地：中国·福建省
馆藏条码：CSH0092924
上海辰山植物标本馆（CSH）

望天树
Shorea chinensis (H. Wang) H. Zhu

▷ 锦葵目 Malvales
▷ 龙脑香科 Dipterocarpaceae
▷ 娑罗双属 *Shorea*

采集时间：2008/07/22
采 集 地：中国·云南省
馆藏条码：0020651
中国科学院西双版纳热带植物园标本馆（HITBC）

紫金牛
Ardisia japonica (Thunb.) Blume

▷ 杜鹃花目 Ericales
▷ 报春花科 Primulaceae
▷ 紫金牛属 *Ardisia*

采集时间：2013/08/17
采 集 地：中国·江西省
馆藏条码：0771342
中国科学院华南植物园标本馆（IBSC）

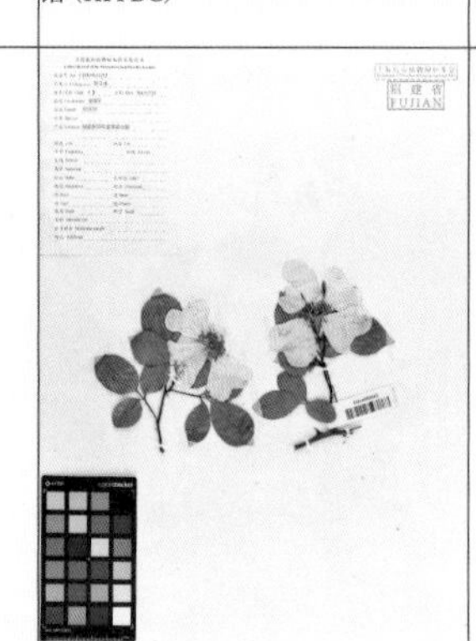

金樱子
Rosa laevigata Michx.

▷ 蔷薇目 Rosales
▷ 蔷薇科 Rosaceae
▷ 蔷薇属 *Rosa*

采集时间：2015/05/24
采 集 地：中国·福建省
馆藏条码：CSH0089832
上海辰山植物标本馆（CSH）

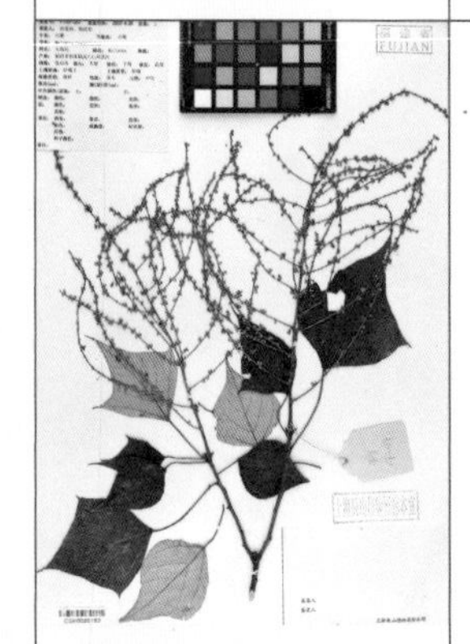

白楸
Mallotus paniculatus (Lam.) Müll. Arg.

▷ 金虎尾目 Malpighiales
▷ 大戟科 Euphorbiaceae
▷ 野桐属 *Mallotus*

采集时间：2007/08/26
采 集 地：中国·福建省
馆藏条码：CSH0068163
上海辰山植物标本馆（CSH）

凤梨
Ananas comosus (L.) Merr.

▷ 禾本目 Poales
▷ 凤梨科 Bromeliaceae
▷ 凤梨属 *Ananas*

采集时间：2011/04/04
采 集 地：中国·上海市
馆藏条码：CSH0058210
上海辰山植物标本馆（CSH）

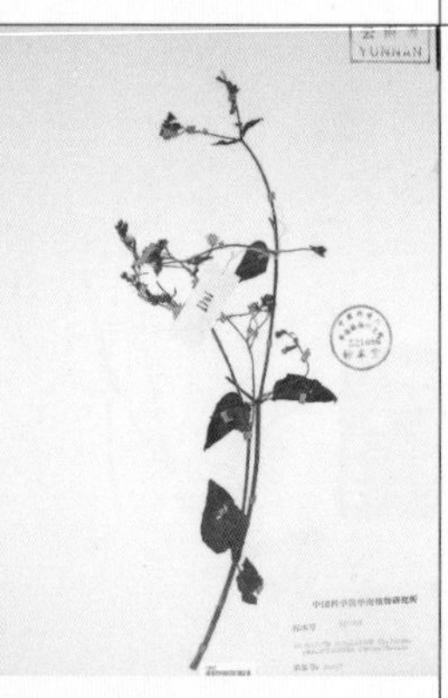

中华山紫茉莉
Oxybaphus himalaicus var. *chinensis* Heimerl

▷ 石竹目 Caryophyllales
▷ 紫茉莉科 Nyctaginaceae
▷ 伞茉莉属 *Oxybaphus*

采集时间：1941
采集地：中国·云南省
馆藏条码：0205575
中国科学院华南植物园标本馆（IBSC）

酸豆
Tamarindus indica L.

▷ 豆目 Fabales
▷ 豆科 Fabaceae(Leguminosae)
▷ 酸豆属 *Tamarindus*

采集时间：2007/08/12
采 集 地：中国·云南省
馆藏条码：0021566
中国科学院西双版纳热带植物园标本馆（HITBC）

山荆子
Malus baccata (L.) Borkh.

▷ 蔷薇目 Rosales
▷ 蔷薇科 Rosaceae
▷ 苹果属 *Malus*

采集时间：2011/04/09
采集地：中国·上海市
馆藏条码：0014947
上海辰山植物标本馆（CSH）

秋海棠
Begonia grandis Dryand.

▷ 葫芦目 Cucurbitales
▷ 秋海棠科 Begoniaceae
▷ 秋海棠属 *Begonia*

采集时间：2015/08/22
采 集 地：中国·重庆市
馆藏条码：CSH0133903
上海辰山植物标本馆（CSH）

七星莲
Viola diffusa Ging.

▷ 金虎尾目 Malpighiales
▷ 堇菜科 Violaceae
▷ 堇菜属 *Viola*

采集时间：2013/07/31
采集地：中国·湖南省
馆藏条码：CSH0030611
上海辰山植物标本馆（CSH）

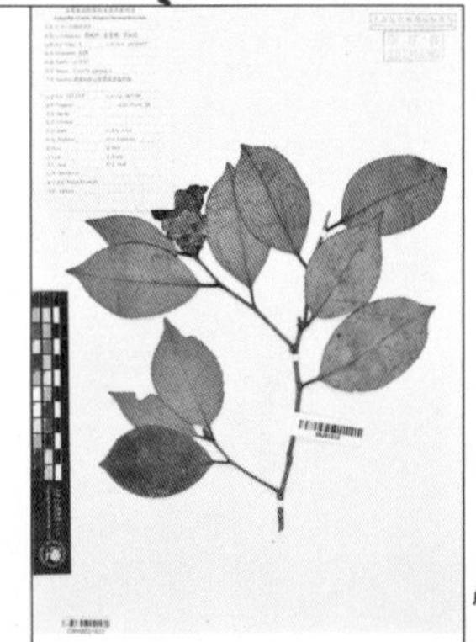

山茶
Camellia japonica L.

▷ 杜鹃花目 Ericales
▷ 山茶科 Theaceae
▷ 山茶属 *Camellia*

采集时间：2012/03/27
采集地：中国·浙江省
馆藏条码：0021622
上海辰山植物标本馆（CSH）

黄檀
Dalbergia hupeana Hance

▷ 豆目 Fabales
▷ 豆科 Fabaceae(Leguminosae)
▷ 黄檀属 *Dalbergia*

采集时间：2012/06/13
采 集 地：中国·湖南省
馆藏条码：0014053
上海辰山植物标本馆（CSH）

鄂报春
Primula obconica Hance

▷ 杜鹃花目 Ericales
▷ 报春花科 Primulaceae
▷ 报春花属 *Primula*

采集时间：2013/04/07
采 集 地：中国·湖南省
馆藏条码：CSH0032834
上海辰山植物标本馆（CSH）

椰子　*Cocos nucifera* L.

▷ 棕榈目 Arecales　▷ 棕榈科 Arecaceae(Palmae)　▷ 椰子属 *Cocos*

采集时间：1978/10/18　　采 集 地：中国 云南省
馆藏条码：062276　　中国科学院西双版纳热带植物园标本馆（HITBC）

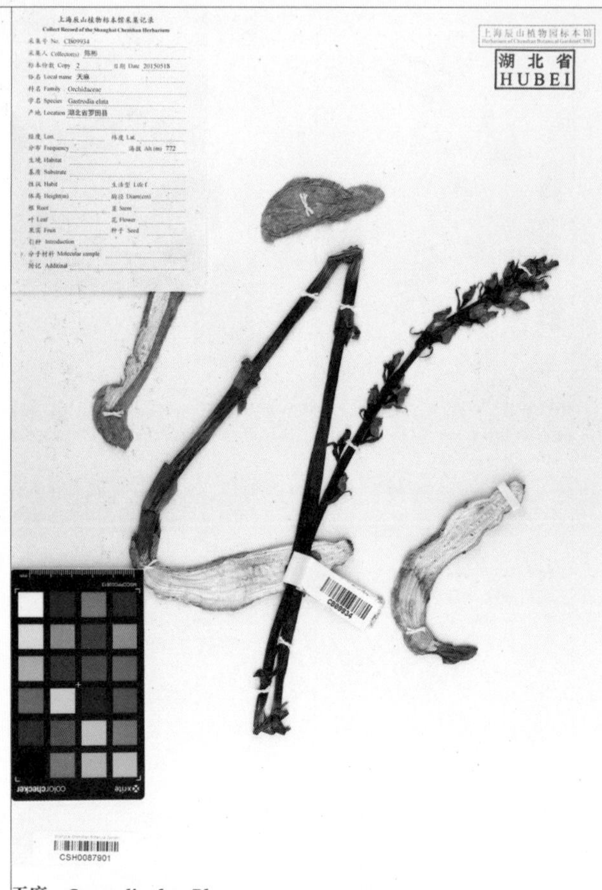

天麻　*Gastrodia elata* Blume

▷ 天门冬目 Asparagales　▷ 兰科 Orchidaceae　▷ 天麻属 *Gastrodia*

采集时间：2015/05/18　　采 集 地：中国 湖北省
馆藏条码：CSH0087901　　上海辰山植物标本馆（CSH）

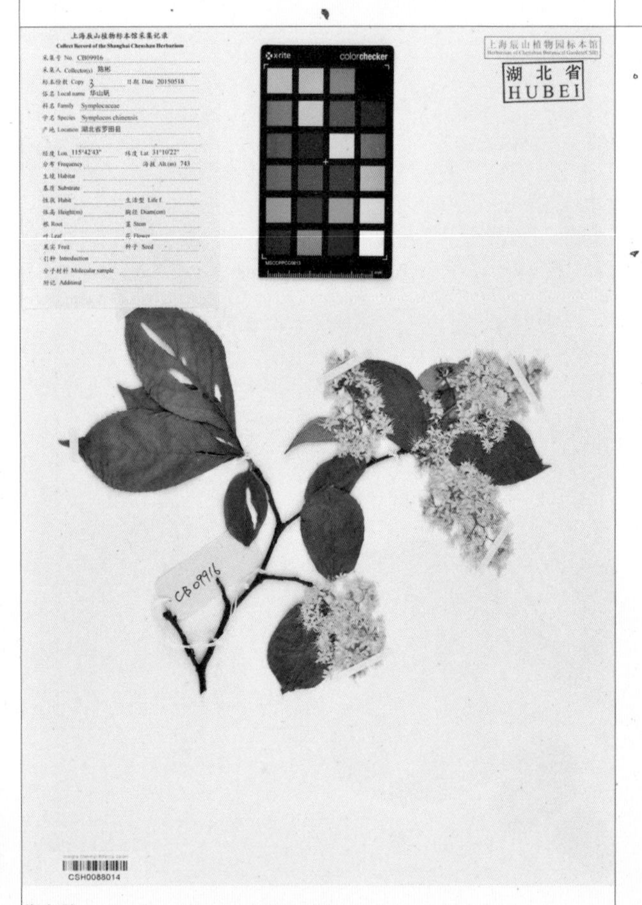

华山矾　*Symplocos chinensis* (Lour.) Druce

▷ 杜鹃花目 Ericales　▷ 山矾科 Symplocaceae　▷ 山矾属 *Symplocos*

采集时间：2015/05/18　　采 集 地：中国 湖北省
馆藏条码：CSH0088014　　上海辰山植物标本馆（CSH）

棣棠　*Kerria japonica* (L.) DC.

▷ 蔷薇目 Rosales　▷ 蔷薇科 Rosaceae　▷ 棣棠属 *Kerria*

采集时间：2013/04/07　　采 集 地：中国 湖南省
馆藏条码：CSH0032812　　上海辰山植物标本馆（CSH）

III

植物园，
一处
近距离的
大自然

特别企划

植物园的幽秘狂欢

摄影师
赵梦佳（b.2000）

拍摄时间：2024年夏

拍摄地点：杭州植物园

就读于中国美术学院，独立摄影师、艺术家。以梦境作为一种图像修辞，希望能呈现出如自己名字一般的作品。

我希望呈现一个既熟悉又陌生，融合了自然野趣与梦幻色彩的植物世界，仿佛《彼得·潘》中的梦幻岛屿“Neverland”。这是一场幽秘的狂欢——花与叶一同起舞，缝隙间斑驳的光斑围绕着跳跃的绿色，鸟憩猫卧，蜘蛛结网，植物园的梦里也全是生的希望。

企划 / 杨慧　　撰文、摄影 / 赵梦佳

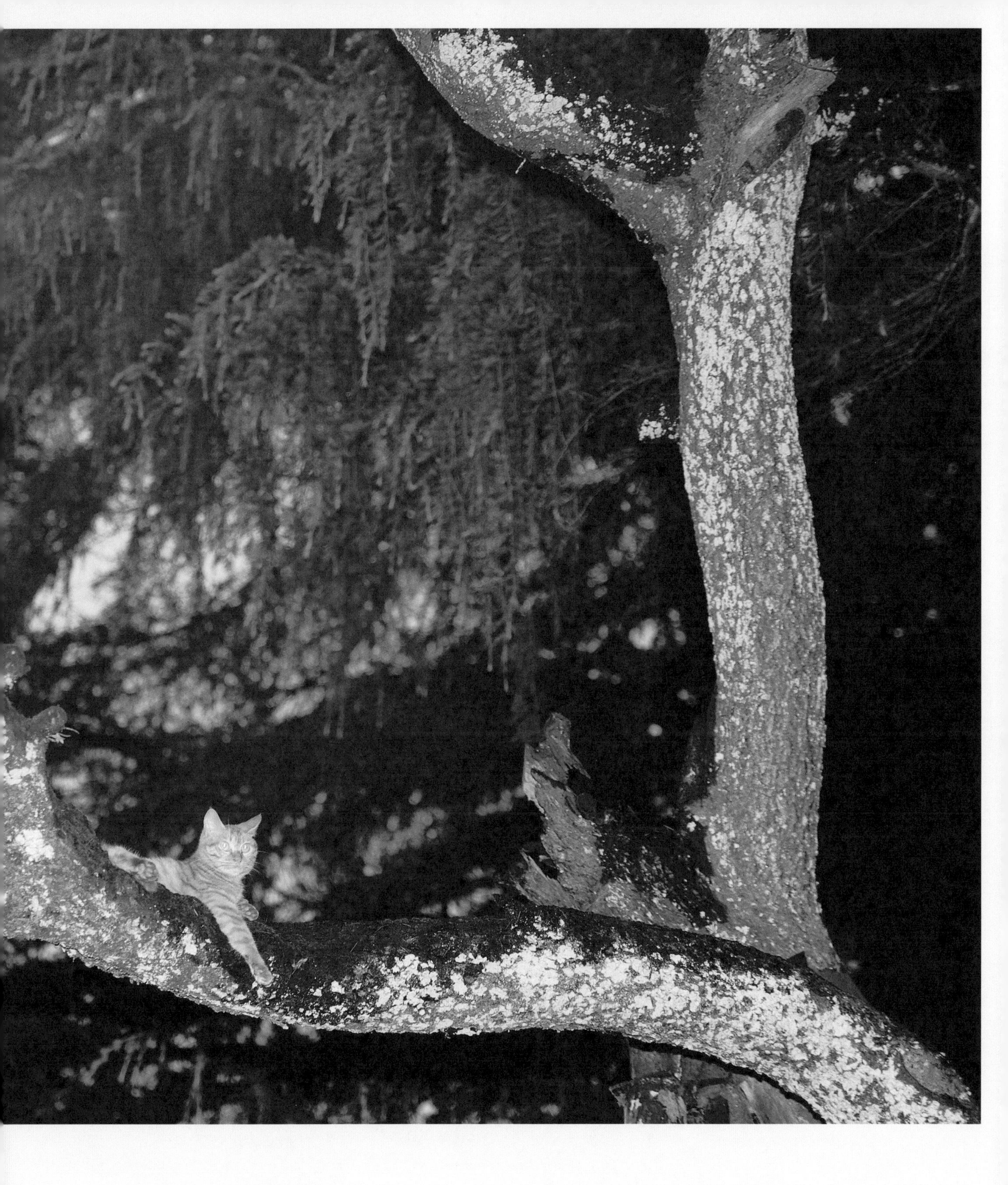

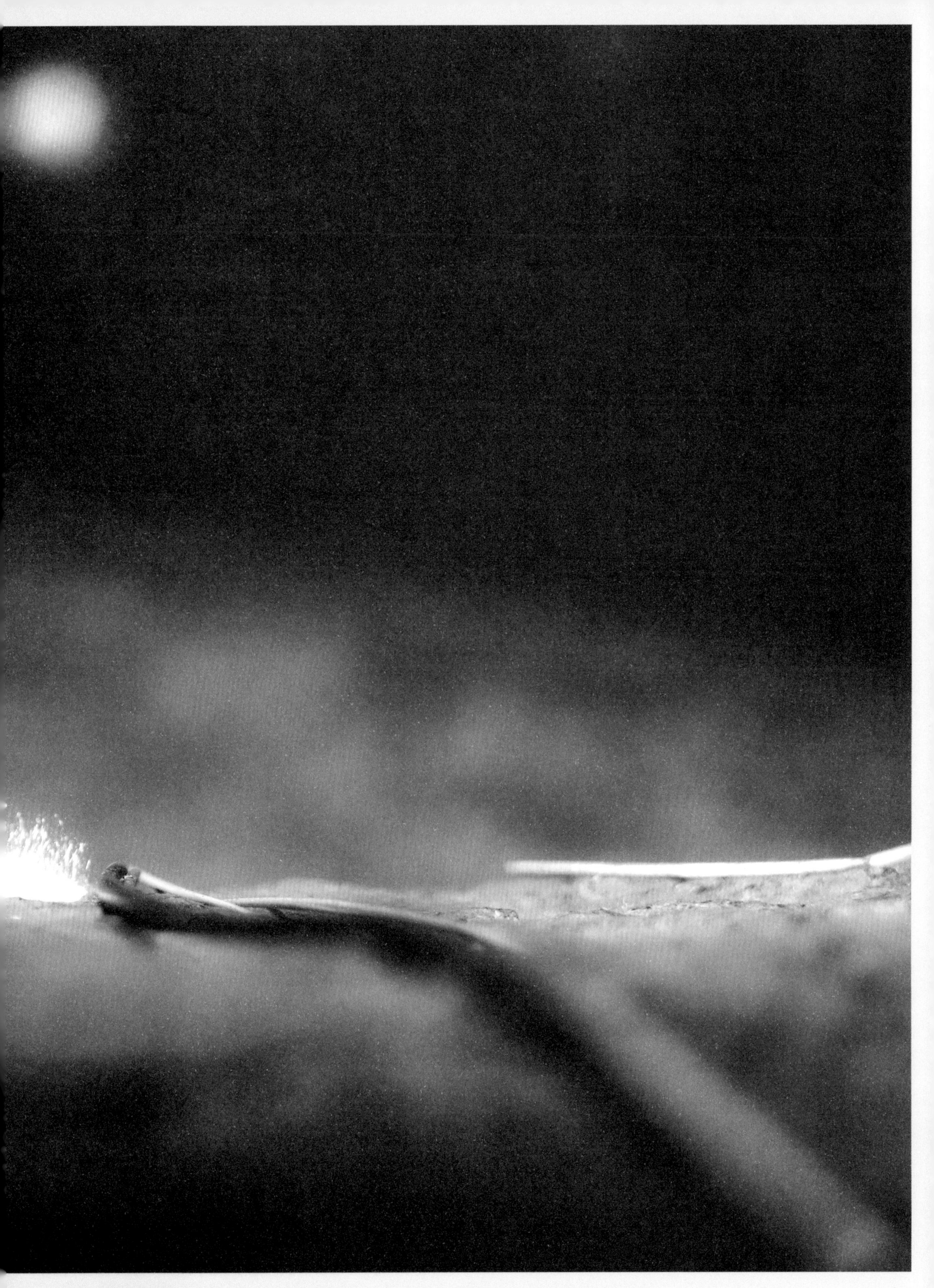

先去植物园，后上班

作者
周颖琪

科普类图书编辑、译者、作者，代表著作《车墩墩野事记》。
住在乡下，火车通勤，周末遛弯，看云观鸟。

2024 年 2 月，新一届博物达人训练营[1]开营，我抽出近 10 天时间，从上海赶到了中国科学院西双版纳热带植物园参加培训。尚未迎来雨季的西双版纳，虽远不到生物活跃的高峰期，却俨然已是一片生机勃勃。在课表排满的间隙，同学们相约清晨观鸟、中午溜达、夜里观虫找“猫”（猫头鹰），一个个精力旺盛得仿佛不用睡觉。原因可想而知——来自各行各业的我们平时忙于工作和生活，并不常有机会长时间待在西双版纳，而这里的看头又这么多。

1　博物达人训练营
中国科学院西双版纳热带植物园为广大自然爱好者、科普工作者等举办的博物培训班。课程内容涵盖植物、昆虫、鸟类、两栖类、爬行类、多足类和陆生贝类等生物，以及地质、天文、博物传播等许多方面。

我是个睡眠需求较多的人，晚上下课再夜观的话坚持不了太久，早上起不来，中午又实在太晒，于是选择午间去王莲酒店门口茂密的荫生植物园转悠，并在这里收获了很多恬静的时刻：横倒的朽木上，巨大的红褐色蚂蚁急急忙忙地爬着，胸腹部之间竖起一对像鱼钩一样的钩子——是双钩多刺蚁；泛着蓝绿色金属光泽的翠蛛混在其中，时不时高高举起第一对步足；草丛边的石头上高光一闪，定睛看，一只多线南蜥（*Mabuya multifasciata*）正在晒太阳，身上鳞片闪耀；灌木丛下窸窸窣窣，一只树鼩的身影闪现出来，正捧着不知从哪里采来的果子啃食……

多线南蜥：蜥蜴亚目石龙子科爬行动物，主要生活于低海拔森林地区

这些奇妙瞬间，只不过是整个培训过程的冰山一角。更多时候，是我无奈地拒绝了同学们一起观察的邀请，以“有点事需要处理”为由，回到酒店，打开电脑。视频会议那头的同事问，你去哪儿了，怎么都穿短袖了？我就呵呵地傻笑。整个培训期间，我都抱着一种非常复杂的心情：我到底是来工作的，还是来亲近自然的？一工作起来，哪有时间顾得上其他？

最后，我在非常多的遗憾和迷茫中结束了培训。回到上海后，我想，工作还要干，城市还要待，但是观鸟、观虫不能停。

作者 / 周颖琪　　编辑 / 周依、杨慧　　图片 / 周颖琪

01
先观鸟，后上班

这么想的显然不止我一个。无论是想观鸟、观虫、看花，还是想散步、发呆、拍照，大家无非是想去自然里走一走，在繁重的工作和高压的生活外寻找一点心灵的触动和治愈。于是我在公司成立了一个自然观察社团，邀请感兴趣的同事一起，在工作之余亲近身边的自然，同时挑战自己，在不那么自由的工作日里见缝插针地“自由”一下。

社团的常规活动之一是早起去上海植物园，先观鸟，后上班。七点十五分集合，快闪一小时十五分钟，九点结束活动后去公司，该打卡打卡，该吃早饭吃早饭。

没想到，这个活动面临着一个巨大的挑战：需要早起。正常参加活动的话，我需要在清晨五点五十分起床，然后从郊区的住所赶往城里的植物园。尽管其他同事的居住地点分散各处，但算下来，大家的平均起床时间都差不多。第一次活动，报名的有三四个人，结果最后到场的，竟然只有我一个。我安慰自己，这次就算是踩点了，于是自己在园内兜了一圈。

早起这件事很难，但只要起来了，就从来没有让我后悔过：空气中氤氲着还未散去的晨雾，阳光穿过树冠洒下一条条光柱，乌鸫之类的鸟儿为了宣告领地唱得正欢……城市刚刚醒来的样子，显得陌生而可爱。我拍了几张照片分享给没起来的伙伴，为了这一刻，我愿意完成五点五十分起床的挑战。

清晨的上海植物园

后来，活动人数渐渐稳定在了五个左右。伴随着植物园门口保安一声充满元气的“早上好”，我们加入了清早游园的老年人队伍。但进了园子却不跳舞，也不练功，而是拿着望远镜到处张望。有几个我们常常去逛的小“景点”：杉树大道一处高高的树顶上，凤头鹰已经在为春天做准备，开始了鸟巢的施工，虽然每次去的时候并不总能看到它们，但施工进度却在一点点推进；一片小小的荷花池是翠鸟常光顾的地方（谁不喜欢可爱的翠鸟呢！），我们在池边亭子里讨论“普通翠鸟”如何不普通，来拍鸟的大爷热情地向我们展示他的照片；还有一处公共厕所的背后，沿着小河沟的林子，是很多鸟儿喜欢躲藏的地方，我们在这里偶遇了一只栗耳短脚鹎；还有植物园里似乎随处可见的红头长尾山雀，好看但好动，通过望远镜追逐它们跳来跳去的身影，是缓解打工人颈椎不适的妙招。

对于靠咖啡“续命”的打工人来说，如果继续提早起床，恐怕连咖啡因也无法奏效了。那么不妨试试在前一晚早点睡，或者干脆趁这个机会调整作息。只要睡得够早，第二天早起就不会感到全身困乏，反而会有焕然一新的感觉。

荷花池里的翠鸟，是摄影“老法师”们的最爱之一

02
不睡午觉，去找松鼠

有一天在上班的路上，我发现一只赤腹松鼠躺在电线杆脚下，已经死了。旁边是一个热乎乎的早餐摊，人来人往。四周连完整的天都见不着一片，密集的电线把天空割成了几块，零星几棵行道树立在路边。

我给松鼠拍了张照片，发到自然观察社团的群里，果然还有几名同事也说看到了。一番讨论下来，大家认为松鼠是触电身亡的。在松鼠的原生环境里，连成片的树冠是它们的“高速公路”，然而城市化把栖息地切割成碎片，不过聪明的松鼠逐渐找到了适应的方法，把四通八达的电线当成通路——代价就是，如果踩错地方形成电流回路，就会触电身亡。

我们在讨论完这件事后，一拍脑袋，想到自然观察社团也可以组织去看松鼠的活动，不用赶早赶晚，中午去就行。去植物园有点赶，那就去公司周边的小公园。比起刚吃完饭就回工位趴着睡觉，起来走动走动岂不美哉?

这回参与的人就多了。大家吃完午饭后在办公室集合，随后一行人解锁几辆共享单车，在狭窄的非机动车道上排成一字长蛇阵，朝附近的公园进发。有人边骑边唱起了歌，气氛一下子就轻快起来。

观察松鼠时，我有个唬人的小技巧：到树底下，如果看不着松鼠，就轻声呼唤几声“小——松——鼠——”，松鼠听到了，不久就会赶过来——这当然是胡说八道，纯粹图个乐。只是城市里的松鼠越来越多了，很容易就能看到，因此这样的呼唤有时能“巧合”地引来松鼠，给人一种奏效的错觉。

这年春天我们看到了很多松鼠。有一次周围充斥着松鼠“喳喳”的叫声，一下蹿出来四五只，让人都不知道要看哪里。它们在树上“跑酷”、追逐，或是一触即发地对峙但又点到为止地打上一架。天太热的中午，松鼠也倦了，就伸展成“一条”趴在树上，除了眼睛滴溜溜地看看树下这帮没见过世面的“两脚兽”，就一动不动了。我们还发现了一个松鼠巢，上海的松鼠喜欢在樟树上筑巢，它们到处掐枝剪叶编成一大团东西，当死枝颜色枯了以后，巢在树上还挺显眼。我们还遇到过一只刚出巢的小松鼠，尾巴毛还没有完全长齐，坐在枝头，专注地捧着一颗还青着的杨梅啃食，咂嘴的声音我们都能听见……

抱着杨梅啃的小松鼠

03
今天不加班，跟萤火虫有约了

入夏以后天太热，起再早也赶不到烈日的前面，自然观察社团便进入夏日限定的夜间活动模式——下班以后集合，去植物多的地方观察昆虫。

常参加活动的同事们，在望远镜的基础上新添置了手电筒，一头栽进了日落之后的小世界。“寻找正在羽化的蝉”这个固定节目永远让人乐此不疲，刚蜕壳的蒙古寒蝉身上白白绿绿，纤细缥缈，皱巴巴的翅膀正在静待充入体液后展开；一位女同事发掘了自己喜欢看“鼻涕虫”（蛞蝓）的癖好，每次都要围着树干拍上一会儿，并感慨着“这么多鼻涕虫白天都藏到哪里去了”；一只路边偶遇的戴锤角粪金龟，能让我们几个人蹲成一圈、头抵着头看上半天，因为它圆滚滚的身子和锤头一样的触角实在太可爱；有次我们在灌木丛前弯着腰瞪大了眼睛，纺织娘“嘎吱嘎吱”的鸣声明明就在耳边，却费了好大劲才发现它隐藏在哪里……

最令人期待的重头戏是看萤火虫。在上海植物园、一些郊野公园和乡村地区，栖息着不少黄脉翅萤（*Curtos costipennis*）[1]。我们找萤火虫，就往黑暗的角落里钻，远远地把手电筒关掉，手机也收好，和所有闪光的东西说拜拜，然后站定，等着，朝四周乱看，看得眼睛适应了黑暗，在一片漆黑里，植物的轮廓逐渐清晰了起来。只是能不能看到萤火虫，谁也说不好。

草丛中的萤火虫光点

一心期待着看到萤火虫，可能会出现“幻萤症”。草丛上的露水，被遗落的小片塑料垃圾，随着目光的移动出现微小的反光，都会让人心生疑惑，刚才那里是不是闪了一下？然而，当真正的萤火虫闪着光出现时，不会有人再有疑问，只剩下一阵阵低声惊呼。微弱的萤火在空中闪烁着，串联成一道道绿光，这是独属于夏夜的浪漫，也是最纯粹的观察时刻。

1 **黄脉翅萤**
鞘翅目萤科脉翅萤属，喜欢生活在植被茂盛、水质洁净、空气清新的地方，对环境变化非常敏感，因此常作为优良生态环境的指示生物。

04
从身边开始

除了工作日的就近活动，自然观察社团还组织了“周末走远点”的上海辰山植物园一日游。冬天去到两个大温室，可以让自己假装去了热带沙漠和雨林。室外也不枯燥，在冷风和流个不停的鼻涕中，我们看到大群的黄雀占据了枯树枝头，还在树皮下发现了躲起来的小瓢虫，这里是它们越冬的地方。

在上海植物园里，原本是山林留鸟的红头长尾山雀在园里安家繁衍，到了春天，刚出巢的秃头雏鸟站在灌木丛一角，饿得叫声响亮，呼唤着外出觅食的父母。植物园是城市里的自然，也是城市野生动物所剩不多的家园。

春天的上海植物园，红头长尾山雀正在喂食

虽然每次的日常自然观察时间都不算长，可当我一次次经历后，原本频率单调的生活，似乎变得层次丰富起来。如果只憧憬着远方，那么生活可能会被远方裹挟，忽略了近处的风景。不是因为上班就没有办法早起观鸟，不是在城市里就没有办法亲近自然，不是只有自由职业才能自由……这听起来像妥协，但正是这些对身边细微之物的觉察，才构成了我们和自然的连接。先去植物园，后上班，回到工位上，以更饱满的精神状态开启新的一天。

植物园里的新体验

对于城市居民来说，大自然似乎离生活很遥远，但其实有一处能让我们近距离感受生机的好去处，这就是植物园。植物园里有的可不仅仅是植物，它还是昆虫和鸟的乐园，风与云的停驻地，它足够闲适，又足够复杂，让我们一起尝试解锁一些新体验吧。

01 看昆虫

在阳台或院子里种过花草的人大都知道，只要有植物存在，就不可避免地会招来虫子。满是各种植物的植物园，其实也是一个巨大的“招蜂引蝶”场。植物园里的昆虫，可能比植物还要多。

在鸟、兽、虫等各种动物类群里，昆虫是最容易观察和亲近的一类——只要不惊扰到它们，就可以凑得很近，去享受高清、微距、多角度的观察体验。很多虫子很漂亮（包括有些不在人类住宅中活动的蟑螂），它们有缥缈的白，有五彩斑斓的黑。虫子的行为也很有趣，比如，螳螂会摇晃身体假装叶片，“牙口”很好的无垫蜂会用上颚咬着草秆睡觉，蜡蝉若虫尾部会分泌一种蜡丝，形成宛如芭蕾舞裙一样美丽的结构……在小小的昆虫世界里，总能有新发现。

刚开始观虫，或者有点怕虫的人，可以从颜值高的蝴蝶开始“集邮”，随着了解的增进，自然会对更多昆虫类群产生兴趣。更为进阶的观察方法，是在了解不同昆虫食性和行为的基础上，去相对应的植物和环境中找到想看的虫。

观察攻略

❶ | 地点

几乎所有植物园都可以观虫，但在一些植物园，你可以看到当地特色的昆虫，比如中国科学院西双版纳热带植物园。

❷ | 装备

放大镜、虫虫镜（一种低倍望远镜）、微距相机、手机用微距镜头。

❸ | 时间

从春末到初秋。

❹ | 小贴士

小心毒虫！比如会蜇人的胡蜂和马蜂类，刺蛾类幼虫“洋辣子”，毒蛾类幼虫飘散的毒毛，等等。保险起见，在看到黑黄配色、颜色特别鲜艳和身上有毛有刺的虫时，如果不认识，不要贸然接触。

作者 / 周颖琪　　编辑 / 徐晨阳、杨慧　　插画 / 黄梦真

在植物园找虫有些小技巧，比如：仔细检查有啃咬痕迹的植物叶片，说不定能发现正在“作案”的蝴蝶或蛾子幼虫；观察树木上的伤口，如果有汁液流出和发酵，就会吸引到一些“酒鬼”昆虫；在开花植物附近，总能发现那些冲着花蜜来的“甜食党”；低头看看地上，如果有奇怪的黑色或绿褐色小颗粒出现，那就有可能是蝴蝶或蛾子幼虫的粪便，找找粪便正上方的植物，就有可能发现啃秃了叶片的“罪魁祸首”。

在人们的刻板印象里，植物长虫肯定不是什么好事。但在整个生态环境里，昆虫和植物实际上发挥着各自的作用。有些植物需要昆虫帮忙授粉，而一些昆虫则以植物为食。现在，越来越多的植物园开始拿昆虫来“做文章”。在一些城市的植物园里，出现了名为“昆虫旅馆”的设施，它们用木头、枯草、小竹筒和砖头等材料制成，为各类昆虫提供“育婴房”或住所。这样的植物园，是欢迎昆虫的地方。

02
找野花

植物园里的植物，大部分是人工种植的。不过，植物园的存在，除了为种植的植物提供照料，还为野生植物提供了一方干扰相对较少、可以安心生长的空间。在树林下、草地上、灌木丛中，和一些游人不常光顾的角落里，许多野花在悄然生长。

通常意义上的野花，是指以草本植物为主的较矮小的植物，它们的尺寸通常不大，但看头不亚于人工种植的观赏植物。如果你用放大镜观察，就会发现野花中不乏唇形花、蝶形花这样精致的形态，也有红、黄、蓝、紫等多种颜色，非常丰富。一片看似普通的草坪上，可能会冒出绶草这样的野生兰花，粉或紫色的小花呈螺旋形开放；还有不起眼的小黄花苜蓿，在放大镜下一看，竟像是一群黄色的小蝴蝶……种类繁多的野花能给观赏者带来极大的乐趣。

观察攻略

❶ | 地点

几乎所有植物园都可以观察野花，但有一些植物园可以看到当地特色的植物，比如昆明植物园。

❷ | 装备

7~12 倍放大镜。还可以带上素描本，把观察到的野花画下来。

❸ | 时间

从初春到初夏。

❹ | 小贴士

观察时不要踩踏植物，不要采摘植物，更不要随意品尝植物的花或果（有些是有毒的）。

华北、华中、西北、华南等不同地区的野花组成也不同。市面上有很多按地区分类的野花图鉴或观察手册，如“中国常见植物野外识别手册”系列，在出发去各地植物园前不妨先翻阅一下图鉴，这会给实际观察带来更多乐趣。也有很多上传照片就能鉴定物种的识图软件，可以提前下载在手机里，方便随时随地查询不认识的植物。

在植物园里观察野花，可以寻找植被丰富、未经除草或未被污染的环境。最实用的技巧就是弯下腰、蹲下身子，仔细观察那些平时被忽略的微小事物，才能看到更多有趣的细节。

03
观鸟

自然是个圈，植物园里的植物开花结果，既招引昆虫，也招来以昆虫或花蜜、果实为食的鸟类。

植物园的环境很适合小型林鸟生活，在这里一年四季都可以观鸟：春天，鸟在枝头衔材筑巢，忙忙碌碌地为养育小鸟做准备；初夏，鸟爸妈四下寻找食物，带回隐藏在茂密树冠中的巢，喂给嗷嗷待哺的幼鸟；仲夏，幼鸟陆续出巢，站在枝头，但还不太会飞，还要依靠鸟爸妈来喂一阵子，这时可以较近距离地观察到羽翼未丰的幼鸟；秋天，在位于迁徙路线上的城市植物园里，能观察到不太常见的过境鸟；冬天，落叶树脱去了茂密的枝叶，鸟的食物变得少而集中，这时更容易观察到一些鸟种成群觅食的样子。

想要入门观鸟，一个比较有效的办法是先入手一本鸟类图鉴，比如《中国鸟类野外手册》或者《中国鸟类观察手册》，大致翻阅几遍，先对鸟的外形、辨识特征和分类有个基本认识，再开始实际观察，就会顺利很多。遇到不认识的鸟，可以拍照片，也可以尝试用软件记录或在手账本里速写一下它的关键特征，再对照图鉴查阅。后者虽显笨拙，但非常有助于观察力和观鸟技巧的提升。

观察攻略

❶ | 地点

很多城市的植物园，同时也是当地热门的观鸟地，比如上海植物园、杭州植物园、福州植物园等。

❷ | 装备

屋脊式双筒望远镜，放大倍数 8 倍为佳，物镜口径 32 毫米或 42 毫米均可。物镜口径越大的望远镜，视野效果越好，但相应地，也越重。

❸ | 时间

每天的清晨和日落前，林鸟们更活跃。对于会根据季节迁徙的候鸟，北方适合春夏季节观察，南方适合秋冬季节观察；而对于那些不迁徙的本地鸟类，则一年四季都可以观察到。

❹ | 小贴士

观察时享受寻找和偶遇鸟的乐趣，不要追赶或惊吓鸟，不要食诱或声诱鸟出现，以免干扰它们的行踪，给它们带来不必要的危险；也不要近距离观察育雏期的鸟，以免鸟受到惊扰后抛弃鸟蛋、鸟巢或已经孵化的雏鸟。文明观鸟和拍鸟，与城市里的鸟和谐共处吧。

观鸟不可缺少的工具是双筒望远镜，这不算是一笔小投资，但一台合适的望远镜可以使用多年，不用频繁更换。初次使用望远镜时，你可以先用肉眼锁定一个地方，再举起望远镜看能不能对准，反复练习几次直至掌握技巧。“指哪儿打哪儿”是使用望远镜的基本功，在实际观察中也是如此。

露营攻略

❶ | 地点

有大草坪或林下空地的植物园都可以，比如上海辰山植物园、华南国家植物园、南京中山植物园等，当然也要注意不同植物园的相关规定。

❷ | 装备

帐篷、天幕、折叠桌椅、野餐垫等。

❸ | 时间

春季、秋季，温暖或凉爽的日子。

❹ | 小贴士

严格遵守植物园内的防火规定，不要使用明火，不要对园内的植物造成破坏。同时，养成无痕露营的好习惯，不要落下个人物品和垃圾，走前复原场地。小心蚊虫叮咬，注意露营地周围是否有红火蚁出没。

04 露营与野餐

很多植物园都有林下空地或开阔的大草坪，那是都市居民露营野餐的好去处。

在有树冠遮阴的空地，可以选择来一场简单的野餐：铺一张野餐垫，摆一组露营桌椅，带上三明治、卤味、饼干、水果等方便食品。这个方式适合亲子家庭聚会，方便孩子来回跑动，大人的工作量也不太大。如果是在没有遮挡的大草坪，一顶速开的小帐篷就很关键，可以制造一个既能遮挡阳光又保护隐私的小空间。

搭建好自己的营位后，可以在附近开展很多有趣的户外活动——挑一个晴朗有风的日子放风筝，也可以躺在草地上看天，想象云朵的形状像什么，或者玩一玩飞盘、羽毛球等。既然到了室外，就放下手机，多做一些平时很难实现的事情吧。

捡秋攻略

❶ | 地点

在一些北方的植物园，彩叶植物可能更为丰富，比如北京的国家植物园。

❷ | 装备

内有分格的果实收集盒、标签和笔（用来记录捡到的果实名称）、自封袋（用来临时保存落叶，防止它们被压坏、折坏）。

❸ | 时间

秋季。在南方比较温暖的地区，冬季也可以。

❹ | 小贴士

捡秋重在体验和感受，适当捡拾即可，不要把地上的东西都拿光。如果遇到没办法带回家或者带走也不能妥善利用的落叶落果，请用拍照或速写的方式记录它们吧。

05 捡秋

秋天的落叶大小各异，小到能放在手心里，大到比人脸还大；颜色绿、黄、红、紫，像印象派油画的调色盘；叶脉组成的复杂纹路、叶片边缘的锯齿或波浪轮廓……让人感慨大自然造物的神奇。捡一片新鲜的落叶，将其夹在旧报纸中，烘干或者自然晾干，就能做成装饰品或书签。捡到不同颜色的落叶，则可以发挥想象力制作一幅拼贴画。如果捡到悬铃木的大片落叶，还可以将其对折后，将叶柄环成一圈，做成一顶落叶王冠。

秋天的植物园，也是难得的可以见到多种果实的地方。槭树的果实长着“翅膀”，喜树的果实像一串迷你小香蕉，枫香树的果实是个刺球，栎树的果实戴着形态各异的小帽子（壳斗），枫杨树的果实像钱串子一样长长地从树上垂下来……

除了观察果实的形态，还可以观察种子是怎样“旅行”的。很多种子会飞——槭树和枫杨的种子有着显眼的“翅膀”，就连松果的鳞片张开后，里面的每一颗种子也有一小片薄薄的“翅膀”。悬铃木的果实，散开以后可以看到每颗种子上都连着“毛发”，能让它们乘风飞翔。有些矮小植物的果实有倒钩，可以挂在人的裤腿或者小动物身上。还有的果实会“炸裂”，比如紫藤花凋谢后会结出毛茸茸的豆荚，豆荚随着时间的推移变得干燥，最后会在某一天猛地向两边裂开，把种子弹射出去。

捡到的果实和种子也有很多童趣的玩法。橡帽套在手指上再画上小表情，就能模拟一场手偶游戏；橡子可以用来玩抛接石子；不同颜色的落叶也可以在地上拼成一幅“落叶彩虹画”。每个人都可以开发自己的玩法，但玩过后，请让大部分落叶、落果留在地上，它们可能是一些小动物过冬的口粮，或在腐烂之后重新成为大地的营养。

06
夜游

天黑以后，植物园会切换成另一副模样。植物隐没在黑夜里，在陌生又神秘的气氛下，夜行动物登上了舞台——水边的蛙热烈地鸣着；水虿从水中爬上草秆，准备羽化成蜻蜓；窸窸窣窣的动静从草丛中传来，可能是猫，也可能是黄鼠狼等当地的野生哺乳动物。带一支手电筒，夜晚去植物园跟动物们不期而遇吧。

夏夜植物园中最令人期待的活动是看萤火虫。与外面灯火通明的街道不同，植物园里的那些黑暗角落，对萤火虫来说是很重要的生存空间。萤火虫的光跟人造灯光相比，实在是很微弱。所以，走到黑暗处前，记得提前关闭手电筒、手机和其他发光物，保持安静。草丛中可能会有一些露珠或塑料垃圾，它们的反光常常让人误以为是萤火虫，但真正的萤火虫光芒不会让人认错。不同地区的萤火虫种类不同，有些光色偏黄，有些则偏绿。萤火虫在寻找配偶时，会边飞边闪烁，划出一道微弱的荧光线，也会停在草丛中闪烁。所以，如果看到两道光闪烁着逐渐靠近，最后消失在黑暗中，请为它们祝福，并期待来年能看到更多萤火虫吧。

你还可以选择植物园里远离灯光干扰的空地，或找一处树冠茂密能够挡住园外灯光的地方，然后在那里试试仰望星空。夏天，即便在城市里也不难看到代表性的“夏季大三角”，那是隔银河相望的牛郎星与织女星。

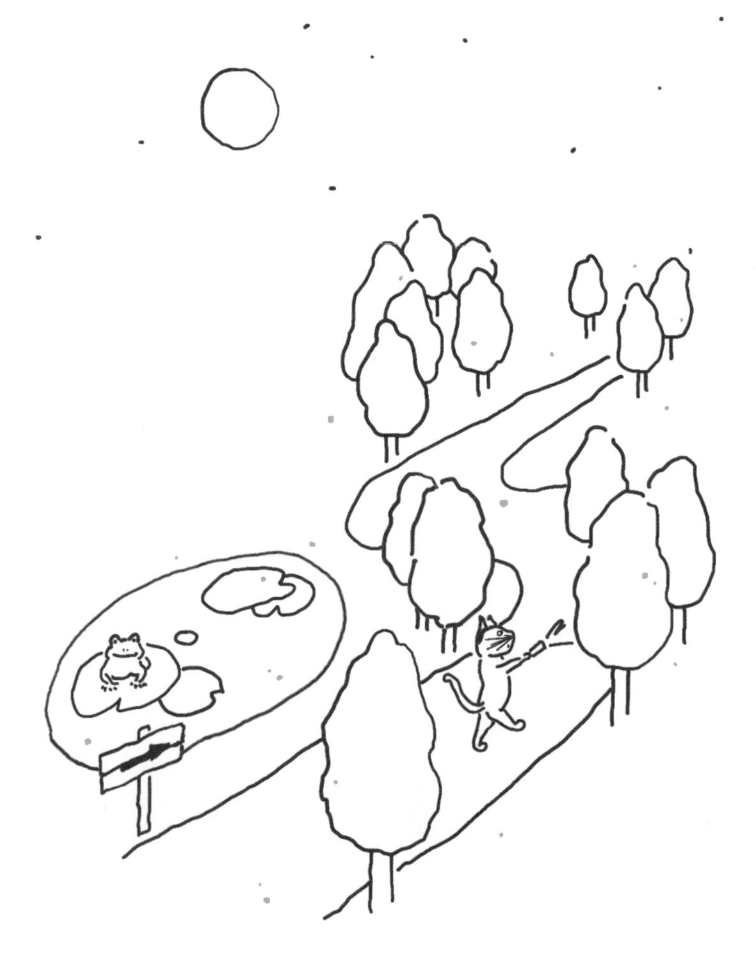

夜游攻略

❶ | 地点

夜间开放或推出夜游活动的植物园。比如中国科学院西双版纳热带植物园、中国科学院武汉植物园等。

❷ | 装备

用来照亮脚下道路和寻找昆虫的手电筒（看萤火虫或观星时建议使用红光手电筒，把灯光对萤火虫或人眼的影响降到最低）、防止蚊虫叮咬的驱蚊液、长袖长裤。

❸ | 时间

夏季。

❹ | 小贴士

夜间活动注意脚下安全，不乱踩草丛，以免踩到夜间活动的蛇虫。不用强光照射动物的眼睛，不干扰夜间休息的动物。

专栏

热水频道

《about热水频道》是about编辑部的自制播客，每期会围绕一个生活关键词聊聊天。

我们将在“about关于”系列出版物的专栏中，持续更新这档播客的制作花絮、主播心得、听友留言和近期一些有价值的探讨。

\欢迎来到声音乐园/

撰文 / 宇野　编辑 / 毛毛

从制作第一期播客开始，我们就想尝试更多声音的可能性。

有人说播客是对广播时代的文艺复兴，也有人说播客是对谈类视频的“不露脸且低成本替身”，我们都不完全同意。在听觉回归的今天，播客能做的应该更多。它当然可以是不露脸的意见输出，但也可能是声音故事、声音综艺、声音纪录片、声音游戏……它应该是一个声音表达的游乐场，让每个喜欢用听觉感受世界的人，都能在里面玩得开心。

在我们录制第一期播客《小红书上的年轻人为啥都在树上？｜001 抱树》时，嘉宾回忆他们在树林里做手碟表演：“旋律响起的时候，整片树林突然在风中摇曳，发出沙沙的声音，还有鸟叫声加入，那一刻真的非常感动，好像自然和我们联系上了，它在回应我们。”幸运的是，这段场景刚好被他们拍了视频，于是我们把视频的声音与嘉宾的描述剪在一起，成为第一期播客中让很多人印象深刻、“头皮发麻”的片段。

美国技术哲学家唐·伊德（Don Ihde）说声音是身体性、渗透性的，人们对于声音的体验并非只作用于听觉，而是用整个身体来感知。“声音物理性地穿透我的身体，我以我之身躯，从骨头到耳朵，‘听’到了它。”[1]我们所说的“头皮发麻”“起鸡皮疙瘩”，很多时候就是声音带来的身体性感受，尤其在视觉感官封闭时，这种感受会更加明显。

还有《马来西亚免签了，我第一个推荐去槟城｜005 槟城》那期节目，当嘉宾介绍老城区大路后[2]的生活时，我们也使用了嘉宾在这片街区被拆除前实地拍摄的视频声音：快餐店老板收拾碗筷、理发店老板拉上卷帘门、一群鸽子忽然惊飞、闽南语混杂印度语的聊天……我们想用这些声音，将听众从世界上任何一个时刻、任何一个角落，瞬间带入这座南洋老城的市井里，带到即将搬离这条老街的街坊面前，感受他们的不舍与洒脱。

这是声音的空间性。就像咖啡馆一度被当成城市里的“第三空间”，其实我们可以哪儿都不去，戴上耳机，声音就能随时随地营造出只属于自己的“第三空间”，我们可以在这里自由地逃逸、游荡、倾听、隐匿。

声音还有激活感官的能力。比如《鸟门，2024 最值得打开的门｜008 观鸟》，是一期人和鸟共创的声音实验。在这期节目一开始，听众就能用耳朵和小鸟做一个游戏，接着，还能感受一场身临其境的鸟浪，并在嘉宾的解说下一边享受“小鸟浴”，一边凭叫声分辨它们。有听友评论：“这期节目感觉很奇妙，听完后走出家门就听到好多鸟叫声，好像听力突然恢复了，平时赶路的时候耳朵是都关上了吗？”

当日常随处可闻的鸟叫声，忽然以某种形式被置入感官的中心，耳机里与耳机外的世界瞬间连通，这是一种熟悉又陌生的感觉，会让我们重新听到世界，也重新“听”到自己。当然，在讲述者精彩的表达面前，这些声音的“小伎俩”并非最重要的，使用它们的目的，无非是让这一程声音的旅行，更丰富、更深刻、更好玩。欢迎来到声音乐园。

1 徐欣. 聆听与发声：唐·伊德的声音现象学[J]. 音乐研究，2011, 4.

2 大路后
槟城州槟岛市霹雳路（Perak Road）中间路段两旁，是当地人俗称的大路后。20 世纪 60 年代，这里社区人口 2 万余人，主要住民为华人（其中九成为闽南侨民）。这里早期被当地政府列为“黑区”，是黑帮的盘踞之地，同时也林立着很多传统小店——纽扣店、碗碟店、咖啡店、糕点店、中药店、鞋店、理发店和薄饼皮店等。2022 年 10 月，大路后仅剩的一片锌板屋地段被拆除。

\ 我们最近聊了什么? /

把我的少年时代再活一遍
|013 杂志

Talk to_ 陈赛
《少年新知》杂志执行主编
《三联生活周刊》资深主笔

从想象中可以得到快乐，
因为当肉身只能被禁锢在一个地方的时候，
思维仍然可以天空海阔。

互联网看似制造了
很多连接，
但其实我们是一起
在孤独。

如果你一定要问我
为什么爱你，
我无从表达，
除了说因为是你，
因为是我。

我的一部分我，
和你的一部分你，
都只存在于
我们
彼此的
关系之中。

没有人不向往旷野，但它也许就在身边
|014 行走

Talk to__ 王如菲
资深译者
译作包括罗伯特·麦克法伦的《深时之旅》《荒野之境》等

征服自然带来的眩晕感，
以及
面对危险强烈的不适感，
就是前往荒野最巨大的诱惑。

人与自然的相遇，
都是带着
人类中心主义的视角。

如果你有一瞬间的机会
进入真正的自然当中，
哪怕是路边的
一片小树林，
你就脱离了
原本生活的牢笼。

如果不一次次地出走，
就会遗忘。

没有人不向往旷野，但它也许就在身边
|014 行走

Talk to__ 欧阳婷
自然写作者
看理想《遇见自然》系列节目主讲人
《北方有棵树》作者

我喜欢走路，
步行时的速度
和脑袋思考的节奏
是吻合的。

看到身边的一块岩石，
我想到亿万年前这块硬石竟是
流动飞溅的岩浆，
仿佛自己正站在时间和空间的
边缘。

Talk to_ 王放
复旦大学生命科学学院教授
上海“貉口普查”项目发起人之一

当一个人掌握了更多
博物学知识后，
身边的万物会变得
更有故事性，
甚至在某种程度上
更具意义。
此时，
天上的星星不再只是
简单的星星，
而是一个个星座、银河、
恒星和行星；
身边的植物也不再
只是植物，
而是变成了入侵种、本土种，
以及各种
自然生活史的故事。

人与野生动物在
城市中共存时，
既有许多美好的发现，
也会遇到持续不断、
程度不一的冲突。
这种美好与冲突的并存
是共存过程中的常态。

about 购买渠道

北京

北京图书大厦	
中关村图书大厦	
言 YAN BOOKS	
方所	
中信书店	启皓店
单向空间	檀谷店
	朗园 Station 店
PAGEONE	北京坊店
	三里屯店
	五道口店
钟书阁	麒麟新天地店
	融科店
	西西弗书店
	蓝色港湾店
	来福士店
	龙湖长楹天街店
	国贸商城店
	国瑞购物中心店
	凯德晶品购物中心店
	望京凯德 MALL 店
	西直门凯德 MALL 店
	颐堤港店

深圳

友谊书城	
茑屋书店	上沙中洲湾店
钟书阁	欢乐港湾店
深圳书城	罗湖城店
	南山城店
	中心城店
中信书店	宝安机场 T3 店

杭州

庆春路购书中心	
茑屋书店	天目里店
博库书城	文二店
外文书店	
单向空间	良渚大谷仓店
	乐堤港店

宁波

宁波书城

成都

文轩 BOOKS	
DOOGHOOD 野狗商店	
皿口一人	
茑屋书店	仁恒置地广场店
钟书阁	融创茂店
	银泰中心 in99 店

上海

上海书城	福州路店
云朵书院	
博库书城	环线广场店
香蕉鱼书店	红宝石路店
	M50 店
钟书阁	绿地缤纷城店
	松江泰晤士小镇店
中信书店	仲盛店
	长阳创谷店
茑屋书店	MOHO 店
	前滩太古里店
	上生新所店
西西弗书店	北外滩来福士广场店
	宝杨路宝龙广场店
	长风大悦城店
	复地活力城店
	华润时代广场店
	虹口龙之梦店
	晶耀前滩店
	金桥国际店
	凯德晶萃广场店
	闵行龙湖天街店
	南翔印象城 MEGA 店
	浦东嘉里城店
	七宝万科广场店
	瑞虹天地太阳宫店
	上海大悦城店
	松江印象城店
	世茂广场店
	万象城吴中路店
	新达汇·三林店
	月星环球港店
	中信泰富万达广场嘉定新城店
	正大广场店

南京

先锋书店	
凤凰国际书城	
新华书店	新街口旗舰店

广州

方所	
脏像素书店	
钟书阁	永庆坊店

佛山

先行图书	垂虹路店
	环宇店
钟书阁	A32 店
单向空间	顺德 ALSO 店

东莞

新华书店　市民中心店
覔书店　国贸城店

厦门

外图厦门书城

合肥

安徽图书城

西安

方所
曲江书城

重庆

钟书阁　中迪广场店
新华书店　沙坪坝书城店
不一定宇宙

沈阳

中信书店　K11 店

天津

茑屋书店　仁恒伊势丹店

台州

STORY 书店

苏州

诚品书店
新华书店　凤凰广场店

济南

山东书城
新华书店　泉城路店

太原

新华南宫书店

兰州

西北书城

呼和浩特

新华书店　中山路店

乌鲁木齐

新华国际图书城

海口

二手时间书店

长沙

不吝书店
乐之书店
德思勤 24 小时书店

郑州

中原图书大厦
郑州购书中心
DOOGHOOD 野狗商店

南昌

钟书阁　红谷滩区时代广场店

青岛

方所
青岛书城
茑屋书店　海天 MALL 店

烟台

钟书阁　朝阳街店

大连

中信书店　和平广场店

昆明

昆明书城
世界书局
璞玉书店

温州

温州书城

武汉

武汉中心书城
外文书店
无艺术书店

线上购买

- 小红书
- 淘宝
- 天猫
- 当当
- 京东

about关于

图书在版编目（CIP）数据

去植物园逛逛吧 / 小红书编 . -- 北京：中信出版社，2025. 2 (2025. 4 重印). -- (about 关于). -- ISBN 978-7-5217-7377-4

Ⅰ. Q94-339

中国国家版本馆 CIP 数据核字第 2025LY9527 号

去植物园逛逛吧（“about 关于”系列丛书）

编者：　小红书

出版发行：中信出版集团股份有限公司

（北京市朝阳区东三环北路 27 号嘉铭中心　邮编　100020）

承印者：　北京启航东方印刷有限公司

开本：787mm×1092mm 1/16　　印张：11.5

插页：8　　字数：305 千字

版次：2025 年 2 月第 1 版　　印次：2025 年 4 月第 2 次印刷

书号：ISBN 978–7–5217–7377–4

定价：88.00 元

图书策划　24 小时工作室

总 策 划　曹萌瑶

策划编辑　蒲晓天

责任编辑　王　玲　姜雪梅

营销编辑　任俊颖　李　慧　张牧苑